SV

Gustave Rathe

Der Untergang der Bark Stefano

vor dem Nordwestkap von Australien
im Jahre 1875

Aus dem Amerikanischen
von Herbert Genzmer

Suhrkamp

Die Originalausgabe erschien 1990 unter dem Titel
The Wreck of the Barque Stefano off the North West Cape of Australia in 1875
im Verlag Hesperian Press, Carlisle, Western Australia,
und 1992 im Verlag Farrar, Straus & Giroux, New York.

Erste Auflage 1994

Umschlagentwurf: Elisabeth Hau
Satz: MZ-Verlagsdruckerei GmbH, Memmingen
Druck: Friedrich Pustet, Regensburg
Printed in Germany

Für meine Mutter
Euxenia Baccić Rathe
geboren am fünfzehnten Jahrestag des Untergangs
der Bark *Stefano* am 27. Oktober 1890
verstorben am 7. April 1978

Einleitung

Das letzte Viertel des neunzehnten Jahrhunderts sah das Verschwinden der großen Segelschiffe. Dennoch wurden in dieser Periode des Niedergangs in australischen Küstengewässern mehr als 1800 Schiffbrüche verzeichnet!

In Anbetracht der relativ kleinen Bevölkerungszahl Australiens und des Maßes an wirtschaftlichen Aktivitäten dieses Landes in jener Zeit, ist dies eine bemerkenswerte Zahl. Die Menge der Opfer, die bei diesen Tragödien zu beklagen war, ist erschreckend. Es gibt keinen Zweifel daran, daß Ozeanreisen vor einhundert Jahren eine gefährliche Angelegenheit waren, obwohl die Zeitungen der Zeit nur kurze und oberflächliche Berichte über die Wracks vorlegten. Das Interesse der Medien war am größten, wenn ein Unglück viele Menschenleben forderte, allerdings wurde nur wenig über die menschliche Tragödie geschrieben: die Verzweiflung, den Überlebenskampf und die persönlichen Reaktionen der Betroffenen.

Beim Lesen der Presseberichte gewann ich den Eindruck, daß Schiffbrüche, die in den Gewässern vor der dichter besiedelten südöstlichen Küste Australiens geschahen, öfter Ziel von Bergungsaktionen wurden, während solche vor den unbewohnten Küsten meist wirklich tragisch verliefen. Die Mehrzahl der Seeunglücke betraf Schiffe, die mit dem australischen

Küstenhandel zu tun hatten, obwohl es in den Ozeanen der Region auch eine erhebliche Menge von internationalem Verkehr gab: holländische Schiffe entfalteten einen lukrativen Handel mit den ostindischen Inseln, amerikanische Walfänger und britische Frachter, die mit China Handel trieben.

Gerade durch den Verlust dieser internationalen Schiffe ahnen wir das große Drama eines Schiffbruchs und die Ängste, die die Seeleute davor empfanden, irgendwo entlang der unendlich langen unbewohnten Strände umzukommen. Die Westküste Australiens war der Ort vieler früher Schiffsunglücke, denn dieser Teil des Kontinents wurde von europäischen Schiffen auf ihren Kolonialisierungs- oder Handelsreisen in den Orient oder den Südpazifik gesichtet. Die *Batavia* ist das bekannteste einer Reihe von niederländischen Schiffen aus der Zeit vor der Besiedlung, die von der westaustralischen Regierung zu Wracks von historischer Bedeutung erklärt wurden. So auch das amerikanische Schiff *Rapid* aus Boston, das 1811 bei Point Cloates sank. Die dramatische Entdeckung der Identität des Schiffs und die Rekonstruktion seiner Geschichte sind Seearchäologen und dem Westaustralischen Museum zuzuschreiben. Die *Batavia* erfüllt eine der Bedingungen für ein historisches Wrack: Bedeutung für die frühe australische Geschichte. Die *Rapid* erfüllt eine andere: Andeutungen von Abenteuern, Intrigen oder Reichtümern, die mit dem Schiff in Zusammenhang gebracht werden.

Die *Stefano* erfüllt diese Kriterien nicht und kann somit auch nicht zum Wrack mit historischer Bedeutung werden. Das Schiff hatte eine österreichisch-ungarische Registrierung. Aber das sagt uns nur, daß die politische Kontrolle über seinen Heimathafen damals in den Händen der Habsburger lag. An Bord befand sich nicht ein einziger Österreicher oder Ungar. Die meisten, wenn nicht alle Besatzungsmitglieder, hätten sich als Dalmatier betrachtet. 1875 schloß die österreichisch-ungarische Monarchie die östliche Adriaküste von Triest im Norden bis zur Bucht von Kotor im Süden ein.

Die Bewohner des dalmatinischen Küstenstreifens beherrschten im 16. und 17. Jahrhundert den Seehandel im Mittelmeer. Ihre Tüchtigkeit war außerhalb der Region nur wenig bekannt, obwohl mehrere Schiffe aus Dubrovnik 1588 der spanischen Armada in ihrem verhängnisvollen Beutezug gegen England einverleibt wurden. Schiffe der Republik von Venedig und den Stadtstaaten Dubrovnik und Korčula wurden in späteren Zeiten von den Briten oft gechartert, um den Handel ihres Reiches zu unterstützen.

Die Besatzungen, die diese Schiffe bemannten, kamen aus Familien, die sich seit über dreihundert Jahren erfolgreich auf dem Meer abgemüht hatten. Tatsächlich begann der Seehandel schon im zehnten Jahrhundert, als Mislav, der Sohn von Tomislav, dem ersten König Kroatiens, die Kontrolle über eine Ansiedlung an der dalmatinischen Küste gewann.

Im Laufe von fünf Jahrhunderten sorgten Überbevölkerung, übermäßiger Ackerbau und exzessive Viehzucht für die Zerstörung der Landschaft in der Gegend um den Palast des Diokletian (heute Split). Durch diesen Zustand des Landes beunruhigt, veranlaßte Mislav harte aber sinnvolle Schritte, um seine Landsleute in eine vielversprechendere Zukunft zu führen: Er siedelte sie etwa fünfundsiebzig Kilometer entfernt in der Adria auf einer Insel neu an. Die Insel – Corcyra Nigra, später wurde sie Korčula genannt – war Jahrhunderte zuvor von Illyrern, Griechen und Römern nur dünn besiedelt worden, und als Mislav mit seinen Siedlern landete, fand er sie fast unbewohnt. Frühe Berichte lassen vermuten, daß sie bis zum sechzehnten Jahrhundert eine erfolgreiche und stabile Seefahrtindustrie aufgebaut hatten. Man baute auf Korčula nicht nur seetüchtige Segelschiffe, sie wurden dort auch bemannt und auf die Haupthandelsrouten der Welt geschickt.

Am Ende des 19. Jahrhunderts kam diese Tradition zum Erliegen, denn eiserne Schiffe, angetrieben von Dampfmaschinen, übernahmen den Handel. Da Bodenschätze wie Eisenerz und Kohle nicht vorhanden waren, konnte Dalmatien den Übergang nicht vollziehen, und England und Deutschland wurden die führenden Nationen im europäischen Schiffsbau.

Die erste und letzte Reise der *Stefano* erfolgte in dieser Phase des Umbruchs. Dank den beiden Überlebenden, meinem Großvater Miho Baccić und seinem Schiffskameraden Ivan Jurić, besitzen wir einen detaillierten Bericht über diesen damals nicht unüblichen Zwischenfall – das Unglück eines Schiffbruchs.

Dieses Buch ist eine Adaption des Berichts über die Abenteuer, die Pater Stjepan Skurla, S. J. aufzeichnete, der 1876 – ein Jahr nach dem Schiffbruch, aber nur wenige Monate nach der Rettung – mit den beiden jungen Überlebenden viele Gespräche führte. Ich habe Informationen hinzugefügt, die ich aus Interviews mit Baccićs Familie und mit den Nachfahren von Kapitän Charles Tuckey, dem Retter, gewonnen habe. Ich besuchte Australien und fand den Ort des Schiffbruchs mit Hilfe einer Karte, die von Baccić gezeichnet wurde, und sammelte weitere Informationen, indem ich den größten Teil des Weges der beiden jungen Schiffbrüchigen nachzeichnete.

Eine Karte der Küste von Nordwest-Australien aus dem Originalmanuskript von 1876. Die auf der Karte mit Buchstaben markierten Punkte stellen wichtige Orte dar, die im Text erwähnt werden und dort mit diesen Buchstaben bezeichnet sind.

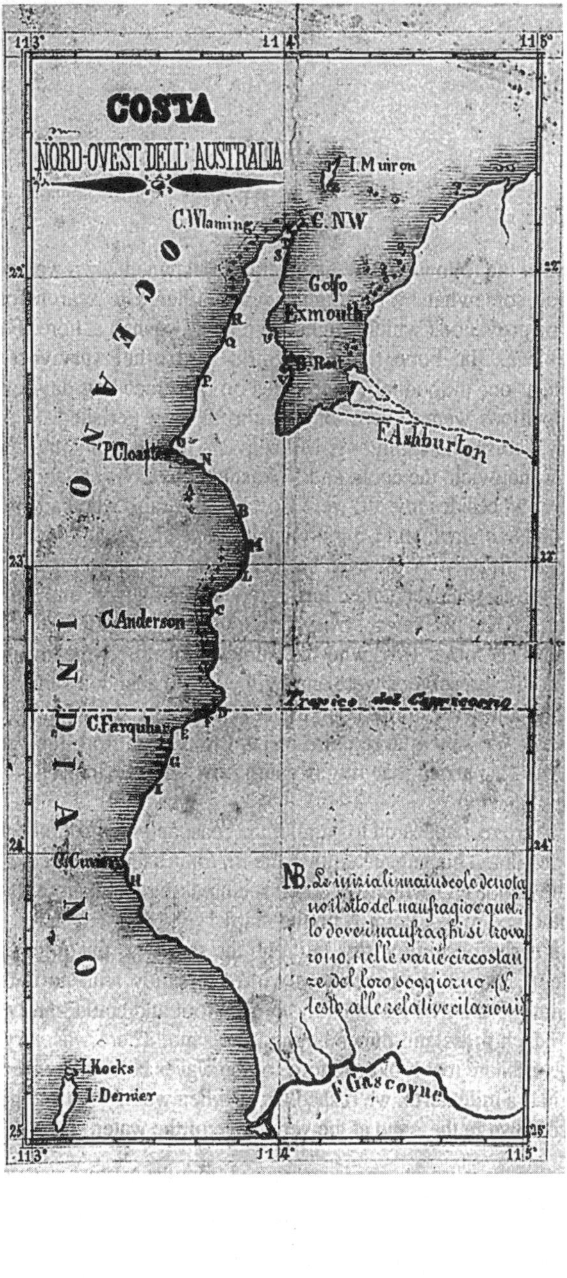
COSTA
NORD-OVEST DELL' AUSTRALIA
OCEANO INDIANO
I. Muiron
C. Vlaming
C. NW
Golfo
Exmouth
B. Rest
F. Ashburton
P. Cloates
C. Anderson
Tropico del Capricorno
C. Farquhar
C. Cuvier
NB. Le iniziali maiuscole denotano il sito del naufragio e quello dove i naufraghi si trovarono nelle varie circostanze del loro soggiorno. (V. testo alle relative citazioni)
F. Gascoyne
I. Koeks
I. Dernier
113°
114°
115°
22°
23°
24°
25°

Sowohl Baccić als auch Jurić hatten die Gabe, sich an Details zu erinnern. Nach ihrer Rettung hatten sie ausgiebig Gelegenheit, die unzähligen Ereignisse in Gedanken wachzurufen, beziehungsweise sie aufzuzeichnen, noch bevor sie nach Dubrovnik zurückkehrten. Skurla fertigte mindestens zwei Kopien von der Geschichte an, die ihm berichtet wurde. Er verfaßte die Originalversion in italienischer Sprache*, der örtlichen Handels- und Amtssprache jener Zeit. Erst 1920 vollendete Baccićs Frau eine Übersetzung ins Englische. Ich las den Bericht zum ersten Mal im Jahre 1930, als ich eine Zeitlang bei meinem Großvater lebte. Mit den Jahren wuchs mein Interesse an dem Abenteuer. Zu Beginn des Zweiten Weltkriegs diente ich zusammen mit Australiern im Südpazifik und hegte die Hoffnung, nach Australien zu kommen und die Orte der Geschichte besuchen zu können, man versetzte mich jedoch zurück in die Vereinigten Staaten, und so ergab sich diese Gelegenheit nicht.

Mein wiederholter Plan, den Ort aufzusuchen, wurde wegen der Abgelegenheit des Nordwestkaps immer wieder verworfen – es schien dort weder Siedlungen noch gute Straßen zu geben, die auch nur in die Nähe dessen geführt hätten, wohin ich wollte. 1965 fiel mir ein Zeitungsartikel über eine U. S. Navy Einrichtung am Norwestkap Australiens in die Hände, genau in der Mitte des Gebiets, das ich bereisen wollte. Als ich der Navy schrieb, erfuhr ich, daß in dem Gebiet inzwischen gute Straßen und Unterkunftsmöglichkeiten existierten. Ich schob die Sache vor mir her, bis es einem neuen Freund in Tasmanien, dem Arzt F. Murray Arthur gelang, mich genügend zu motivieren, um die Reise zu wagen.

* Der Titel ist: *I naufraghi del bark »Stefano« alla costa Nord-Ouest dell' Australia*

Mehr noch, er unternahm eine Suche nach Kapitän Tuckeys Nachfahren, indem er eine Anzeige in eine Zeitung in Perth setzte. Als er zahlreiche Zuschriften erhielt, sandte er die Informationen an mich weiter. Dies führte zu einem Treffen mit John Honniball, dem Urgroßenkel des Kapitäns, in Perth, Mitglied der Royal Western Australian Historical Society und Autor einer veröffentlichen Familiengeschichte, die einen Bericht über das Wrack der *Stefano* enthält, der auf zeitgenössischen Presseartikeln basiert. John Honniball schulde ich den größten Dank für seine Hilfe bei der Fertigstellung dieses Buchs. Abgesehen von seinem Rat und seinen eigenen Aufzeichnungen, die er mir zugänglich machte, stellte er mich mehreren Mitgliedern der Familie Tuckey vor, die ihrerseits Erinnerungen, Briefe und Photographien beisteuerten. Dort wurde ich auch einer weiteren wichtigen Informationsquelle vorgestellt: Neven Smoje aus Perth. Er und seine Frau Jeanette sind meine guten Freunde geworden. Selbst kroatischer Abstammung, hat Neven einen Artikel über das Wrack der *Stefano* verfaßt. Seine Arbeit baute auf einer Kopie des Originalmanuskripts auf, die er in Rijeka fand und ins Englische übersetzte. Mit grenzenloser Großzügigkeit gab er mir sein gesamtes Material mit Quellen und Fotos und sorgte überdies für den Kontakt zu seinen Freunden in Kroatien, die später bei der weiteren Zusammenstellung von Daten behilflich waren.

Es war eine relativ komplexe Aufgabe, solch vielfältiges Material zu ordnen. Die Geschichte begann als mündliche Überlieferung, die in Kroatien von Teenagern erzählt und von einem Gelehrten auf italienisch aufgezeichnet wurde, um schließlich ein halbes Jahrhundert später ins Englische übersetzt zu werden. All das mußte in klarer, moderner Prosa ausgedrückt und angemessen mit neuem Quellenmaterial verbunden werden. Diese herausfordernde Voraussetzung wurde von Karleen Redle erfüllt, die alles, was ich schrieb, lektorierte, organisierte und überarbeitete.

Im Verlauf der Veröffentlichung erwies es sich als wünschenswert, einige Veränderungen im allgemeinen Aufbau vorzunehmen und weiteres Material einzufügen. Diese Arbeit mußte in Westaustralien in der Nähe des neuen Quellenmaterials vorgenommen werden. Jack Honniball und Neven Smoje akzeptierten freundlicherweise diese ihnen angetragene Aufgabe, und ihre zahlreichen Beiträge zum Endprodukt haben viel zu seiner Exaktheit, Verständlichkeit und Qualität beigetragen.

Ich muß auch vielen anderen für ihre spezielle Hilfe bei dieser Arbeit danken: Herrn Nenad Gol aus Zagreb, der einen kurzen Bericht des Untergangs der *Stefano* auf kroatisch veröffentlichte; Professor Dr. Josip Luetić, Kurator des Seefahrtsmuseums in Dubrovnik, der mir die historische Bedeutung der dalmatinischen Seeflotte näherbrachte; und Dr. Milos Vujnović aus New Orleans, Professor und Autor, der mich immer wieder ermutigte und mir wichtiges Material über Baccić zukommen ließ. Ferner danke ich Pater Don Ivo Protic, Gemeindepriester in Blato, Korčula, der Baccićs Familiengeschichte bis zu den adriatischen Seeleuten des 16. und 17. Jahrhunderts zurückverfolgte. Besonderer Dank gebührt Admiral Marko Ohranović, der während des Zweiten Weltkriegs in der Jugoslawischen Marine diente und mir dabei behilflich war, herauszufinden, was aus Ivan Jurić, dem Mitüberlebenden des Schiffbruchs, wurde.

Zu den anderen Personen, denen ich meine Anerkennung aussprechen möchte, gehören der verstorbene Edgar Lefroy, Frau Billie Lefroy und ihre Tochter Jane von der Ningaloo Station, aus der man die Stelle überschauen kann, an der das

Unglück geschah; die australische Botschaft in Washington D. C.; die U. S. Navy Einrichtungen in Exmouth, Westaustralien; Ivan Burdelez aus den Regierungsarchiven in Dubrovnik; Peter Bridge; Leslie Marchant; Monica Vincent; Fay Heath; Kay Carlson und Greg Rathe, Kameramann.

Und zu guter Letzt bin ich dem wundervollen Faktotum dankbar, das tippte, ordnete, editierte, wieder tippte, die Post erledigte, Korrektur las, reiste, mit Rat zur Seite stand, die Werbetrommel rührte, verbesserte, inspirierte und mich ertrug – meiner Frau Leslie.

Gustave Rathe

Der Untergang der Bark Stefano

»Die Küste zeigte vom ersten Moment an, da wir sie sahen, nichts als ein Bild der Trostlosigkeit; keine Flüßchen beruhigten das Auge; kein Baum zog seine Aufmerksamkeit auf sich; kein Berg verlieh der Landschaft Vielfältigkeit; keine Ansiedlung belebte sie; überall herrschte Sterilität und Tod.«

Eine Beschreibung der Westküste Australiens,
von dem französischen Künstler
Jacques Etienne Victor Arago in der Shark Bay,
Westaustralien, 1818

Auf hoher See

Meine Mutter tat zu fröhlich. Ich vermutete, sie war wirklich traurig, und vielleicht sorgte sie sich, obwohl es keinen Grund dafür gab, sich so zu fühlen. Auf beiden Seiten der Familie hatte es viele Kapitäne zur See gegeben. Ihr Schwiegervater, den sie gut kannte, war Anton Bacetić.* Er kam aus Korčula, einer Insel, die nur vierzig Kilometer vor Dubrovnik lag und Geburtsort vieler Weltreisender war, Marco Polo eingeschlossen (jedenfalls sagen sie das da). Mein Großvater besaß mehrere seetüchtige Schiffe und war selbst über die ganze Welt gesegelt.

Das Schiff, auf dem ich am nächsten Tag auslaufen sollte, war außergewöhnlich schön. Mein Onkel hatte die *Stefano* im selben Jahr in Rijeka bauen lassen. Sie war superb! Fast 1000 Tonnen mit einer Gesamtlänge von 48 Metern – doppelt so lang wie gewöhnliche Barks. Jeder der sechzehn Männer der Besatzung hatte Hochseerfahrung. Der Kapitän Vlaho Miloslavič war mein Cousin ersten Grades, und die anderen waren gute Freunde.

Es erschien mir unvorstellbar, daß ich meinen Lebensunterhalt nicht auf See verdienen würde. Das war die Arbeit meiner Nation; wir verfügten über eine der größten und besten Han-

* Bacetić ist die Diminutivform von Baccić.

delsflotten der Welt. Anders als die Kriegsschiffe Großbritanniens, Frankreichs und Spaniens oder die Walfischfänger mit ihrer gefährlichen Arbeit, die durch unkartographierte Teile der Meere segelten, befuhren unsere Schiffe die bekannten Handelsrouten in friedlichen Missionen, was ich mit Fortschritt gleichsetzte.

Ich erinnerte meine Mutter an all das in der Hoffnung, sie aufzuheitern. Obwohl sie aufmerksam zuhörte, schien sie mich nicht zu verstehen und antwortete nur auf einen Teil dessen, was ich gesagt hatte.

»Ihr seid alle noch so jung. Dein Kapitän ist erst sechsundzwanzig, und er ist der älteste von euch. Du bist gerade sechzehn. Ihr seid doch bloß ein paar Jungs, die um die halbe Welt fahren, um mit fremden Menschen Handel zu treiben!« Das war alles, was sie sagte.

Am Ende des folgenden Tages segelten wir durch die Adria und das Mittelmeer nach Cardiff, Wales, um die Ladung der *Stefano* an Bord zu nehmen – 1300 Tonnen Kohle, Bestimmungshafen Hongkong. Während der kurzen Reise war ich freudig erregt und mir sicher, daß meine Schiffskameraden sich ebenso fühlten. Obwohl ich wußte, daß ich eine Familientradition fortsetzte, war es doch das reine Abenteuer, in See zu stechen, das mich so aufgeregt von zu Hause wegfahren ließ.

In Cardiff wurden wir alle unruhig, als man unser neues, sauberes Schiff mit der schmutzigen Kohle belud. Kurz bevor man uns am letzten Tag des Juli 1875 auf See hinausschleppte, brachte der Kapitän einen englischen Jungen an Bord. Harry Groiss* konnte noch nicht älter als zehn oder elf sein, aber er sollte unser Kabinensteward werden. Ich verstand nicht,

* Der Name Groiss ist vermutlich eine Abänderung von Grice oder Grose.

warum wir einen brauchten und fragte mich, wie seine Eltern ihn hatten gehen lassen. Vielleicht war er eine Waise oder von zu Hause ausgerückt. Während ich mir über ihn Gedanken machte, wurde mir klar, warum meine Mutter sich darüber gesorgt hatte, daß ich auf See ging.

Am nächsten Tag ließen wir die Leinen vom Schlepper in der Nähe der Insel Lundy, etwa sechzig Meilen vor Cardiff, ins Wasser fallen und setzten Segel für unsere viermonatige, 15000 Meilen lange Reise. Ich machte mir nicht die geringsten Sorgen über unsere Fahrt und befürchtete in keiner Weise, wir könnten nicht sicher zurückkehren. Ganz bestimmt hatte ich keine Ahnung davon, daß Harry Groiss umkommen würde.

Die *Stefano* segelte auf der üblichen Atlantikroute nach Süden und passierte bald schon die Azoren und die Inselgruppe von Madeira. Wir fuhren westlich der Kanarischen Inseln und sahen den viertausend Meter hohen Gipfel von Teneriffa in der Ferne und überquerten kurz darauf den Wendekreis des Krebses. Ich kann mich an keine Einzelheiten aus diesen angenehmen Tagen im tropischen Atlantik erinnern. Die späteren Ereignisse müssen sie ausgelöscht haben.

Allerdings erinnere ich mich daran, wie wir den Äquator überquerten. Wir hielten die gebräuchlichen Feierlichkeiten für die ab, die ihn zum ersten Mal überfuhren. Mir fällt auch die allgemeine Aufregung bei unserem ersten Zusammentreffen mit einem anderen Schiff ein, seitdem wir England verlassen hatten. Solch ein Treffen nennt man »ein Schiff sprechen«. Jedes Schiff refft die Hälfte seiner Segel, bleibt bewegungslos und verlängert so die Dauer des Treffens, um Informationen und Grüße auszutauschen. Das hat eine ganz besondere Wirkung auf die Gefühle jedes einzelnen. Obwohl alle Beteiligten sich fremd sind, bindet ihr gemeinsames Gewerbe sie doch stark zusammen, und es ist eine kurzfristige Erlösung von der Einsamkeit.

Das einprägsamste Erlebnis dieses ersten Teils unserer Reise ereignete sich, nachdem wir das stürmische Kap der Guten Hoffnung umrundeten, das seinen unpassenden Namen von Johann II. von Portugal erhalten hatte. Es war der 1. September, und wir waren vor zweiunddreißig Tagen aus Cardiff ausgelaufen, als ein furchtbarer Sturm einsetzte. Am folgenden Tag wurde der Wind schlimmer und machte es nötig, die Segel zu reffen. Jeder von uns tat dann seinen Dienst oben in der Takelung. Müdigkeit und ständige Gefahr machten aus unserem zuvor so fröhlichen Abenteuer eine Erfahrung angefüllt mit Unannehmlichkeiten und der Erkenntnis einer möglichen Gefahr, in der wir schwebten.

Bis auf zwei untere Marssegel und den Klüver waren alle Segel eingeholt. Dennoch peitschte der Wind mit zunehmender Wut und schien wie besessen davon, den kleinen Vorsprung, den wir herausgesegelt hatten, zunichte zu machen. Der Wind, der in den Wanten und Falls pfiff, und die Segelleinen, die gegen die Spieren schlugen, erzeugten einen erschreckenden Tumult. Die Bark stampfte und rollte und schien völlig zu verschwinden, als die haushohen Wellen sich vor uns auftürmten. Manchmal erschien der Wellenkamm vor uns so gewaltig, daß ich zweifelte, das Schiff könnte ihn erklimmen. Als es in das nächste Wellental hinunterschoß, verharrte es zitternd, dann nahm das Stampfen und Rollen wieder zu, bis die Rahen hinten und vorn das Wasser berührten. Es war unmöglich, sich auf den Füßen zu halten. Sicher wären mehrere Männer von uns über Bord gegangen, wenn wir nicht feste Rettungsleinen längsschiffs festgezurrt hätten. Ich erinnerte mich an ein Gemälde daheim: zwei Männer, die ans Steuerrad eines vom Wind geschüttelten Schiffs gebunden sind, damit sie nicht von Bord gespült wurden. Diese Szene schien lebendig zu werden, als ich nach achtern schaute, und beide Steuerleute in gleicher Weise an ihrem Posten angeseilt sah. Das Bild hatte das Drama eines Sturms auf hoher See nicht übertrieben dargestellt.

Am neunten Tag ließ der Sturm endlich nach. Wir müssen uns mit ihm über den Indischen Ozean bewegt haben, denn selbst mit nur zwei gesetzten Segeln hatten wir fast dreihundert Meilen zurückgelegt.

Die folgenden Tage waren so schön, daß sie uns für das häßliche Wetter entschädigten, das wir erlitten hatten. Wie schnell wir die schmerzliche Vergangenheit vergaßen und wie bereitwillig wir die Gegenwart genossen, ohne auch nur einen Gedanken an die Zukunft zu verschwenden. Allerdings betrachtete ich das Abenteuer nicht als einen ersten Test meiner Berufung zur Seefahrt. Ich wußte, daß genau in diesem Moment auf irgendeinem Ozean ebenso angstgeschüttelte Männer einen Sturm ertrugen, wie wir ihn gerade überlebt hatten und war mir bewußt, daß ich bereit war, solche oder ähnliche Unwetter wieder und wieder zu ertragen, um einer aus jener Gruppe zu sein, die der See folgen.

Unsere nächste Landkennung war die unbewohnte Insel St. Paul. Der winzige Punkt in der Mitte des Indischen Ozeans wurde von Navigatoren aus aller Welt benutzt, um Chronometer zu setzen und ihre Sextantenberechnungen mit den bekannten Längen- und Breitengraden dieser Station zu vergleichen. Wir waren jetzt ungefähr fünfundzwanzig Tage vom Kap der Guten Hoffnung entfernt und hatten eine Entfernung von 2900 Seemeilen zurückgelegt. Wegen Wolken und dichtem Nebel waren wir nicht in der Lage, unsere Instrumente zu korrigieren oder einen präzisen Kurs auszuarbeiten. Das beunruhigte uns nicht, denn wir glaubten uns nur etwa zwanzig

Eine typische dalmatinische Bark aus den siebziger Jahren des vorigen Jahrhunderts. Mit 775 Tonnen und 50 Metern Länge war sie unwesentlich kleiner als die Stefano (B. Ivancović, Bark Eber, 1879, Seeamt von Pelješac, Orebić).

Tage von der Westküste Australiens entfernt, wo sich uns erneut die Gelegenheit bot, von See her Land zu sichten, und damit unsere Instrumente zu kontrollieren, unsere Position zu berechnen und eine Route an der Küste entlang zu suchen, um anschließend in Richtung der Ostindischen Inseln zu fahren, indem wir die östliche Passage nahmen, um den Pazifischen Ozean durch die Straße von Ombai zu erreichen. Danach würden wir südlich der Phillipinen bis nach Hongkong segeln.

Der andauernde Westwind begünstigte uns, und obwohl der Ozean ein wenig rauh war, blieben die Bedingungen ideal. Das Schiff hielt die Geschwindigkeit von zwölf Knoten, und als wir uns der australischen Küste näherten, kam der Wind von Süden und schuf so günstige Bedingungen, um nach Norden zu segeln.

Am 26. Oktober gegen Mittag konnten wir vom Topmast aus die Küste Australiens sehen. Wir hatten die 2200 Meilen von St. Paul in weniger als einem Monat zurückgelegt. Bei gutem Wetter würden wir in einem weiteren Monat an unserem Ziel, Hongkong, anlangen. Schon dachten wir an die Heimreise.

Wegen möglicher Korallenriffe und Unterwasserfelsen entlang der nur teilweise kartographierten Küste beschloß der Kapitän, unseren Kurs auf Nordwest zu setzen und die *Stefano* somit ein gutes Stück von der Küste entfernt zu halten, bis wir das Nordwestkap passiert hätten. Bei Einbruch der Nacht überquerten wir zum zweiten Mal den Wendekreis des Steinbocks, diesmal in nordwestlicher Richtung. Die Mannschaftsmitglieder, deren Dienst zu Ende war, begaben sich zu Bett, während die anderen an Deck blieben, um ihre Wache anzutreten.

Schiffbruch

In der Nacht vom 26. auf den 27. Oktober Schlag zwölf Uhr waren der erste Maat Martin Osojnak, der Steuermann, Bucić und Perancić, Dediol, Vulović, Brajević und Antoncić auf Wache. Gegen zwei Uhr morgens kam Osojnack auf eine Tasse Kaffee unter Deck, blieb ein paar Minuten und unterhielt sich mit Jurek, der sich für die Wachablösung fertig machte. Ich lag halb schlafend in meiner Koje. Der Maat war kaum auf seinem Posten, als die Schiffsglocke 2:30 Uhr schlug, da tat das Schiff einen gewaltigen Satz nach Steuerbord – es erzitterte, gab mahlende Geräusche von sich und kam zu einem abrupten Halt. In einer weiteren Sekunde war alles still. Die *Stefano* war auf einem Felsen oder einem versteckten Korallenriff auf Grund gelaufen.

Durch die plötzliche Gewalt des Zusammenstoßes wußten wir sofort, was geschehen war, und alle, die wir unten waren, kletterten sofort an Deck. Obwohl es gestrandet war, stampfte und rollte das Schiff noch immer, und jede neue Welle warf es wütend auf die Felsen. Das furchtbare mahlende Geräusch zusammen mit dem Zittern der Spieren verstärkte unser Entsetzen.

Kapitän Miloslavić befahl weitere Segel zu setzen in der Hoffnung, daß der starke Wind und die Dünung das Schiff freimachten und uns aus den felsigen Tiefen hoben. Mittlerweile blies der Wind mit voller Stärke, und das erbarmungslose Schlagen wurde stärker. Das Echolot zeigte auf keiner Seite des gestrandeten Schiffs tiefes Wasser, und der Rumpf hatte sich fast schon mit Wasser gefüllt. Wir hasteten zu den Pumpen, um den Ballast abzupumpen, wurden jedoch enttäuscht: die Pumpen funktionierten nicht. Es wurde der Befehl gegeben, das Schiff zu verlassen und jedes kleine Boot zu benutzen, das zu Wasser gelassen werden konnte. Einige Männer hasteten unter Deck, um alles zu holen, was sie an Nahrungsmitteln, Trinkwasser und Werkzeugen aus den vollflutenden Kabinen retten konnten. Der Rest von uns versuchte, die Rettungsboote zu Wasser zu lassen. Diese Aufgabe erwies sich als unmöglich, denn die Leinen und Winden hatten sich durch die Bewegung der *Stefano*, durch ihr Stampfen und auf den Felsen Schlagen, hoffnungslos verheddert. Ich war zu sehr damit beschäftigt, bei den Rettungsbooten zu helfen, und machte mir keine Gedanken darüber, daß wir ertrinken könnten, und lebte nur in diesem Moment, funktionierte von Minute zu Minute.

Wir hatten keinen Augenblick zu verlieren, und wäre nicht der Mut und die übermenschliche Stärke Perancićs gewesen, dem es gelang, auf einen der Rahenarme zu klettern und die Leinen und Winden zu entwirren, wir wären nicht in der Lage gewesen, die kleinen Boote zu Wasser zu lassen. Die erste Jolle, die hinabgelassen werden konnte, war mit Süßwasserfässern, Proviant und Kleidung gefüllt. Nach den Gesetzen der See setzten wir den englischen Jungen, Harry Groiss, hinein. Alle Elemente arbeiteten gegen uns; das Boot war kaum abgeseilt worden, als eine haushohe Welle auf das Hauptdeck herunterstürzte. In einem Augenblick nur hob eine gigantische Wasserwand die Segeljolle mit ihrer kostbaren Ladung auf und warf sie dann mit gewaltiger Kraft gegen die Seite des Schiffs. Eine einzige Welle zerschmetterte das Boot, und der arme englische Junge wurde von zerberstendem Holz erdrückt. Hilflos mußten wir mit ansehen, wie er schnell inmitten eines Durcheinanders von Holz, zerrissenen Segeln und geborstenen Leinen, die im Wasser auf der Leeseite des Schiffes schwammen, außer Sicht gewaschen wurde. Erst da machten wir uns wirklich zum ersten Mal Gedanken über ihn – Woher war er gekommen? Wie sollten wir seiner Mutter jemals erklären, was vorgefallen war?

Aber das Wasser, das über das Deck schwappte, spülte Harry Groiss aus unseren Gedanken, als Perancić, der in die Takelung geklettert war, um zu helfen, das Boot zu Wasser zu lassen, über Bord ging. Verzweifelt hielt er sich an der Spiere fest, an der er gearbeitet hatte, aber auch er verschwand. Jetzt schien alles hoffnungslos; wir hatten nicht länger die Möglichkeit, die restlichen Rettungsboote zu benutzen, denn wir konnten uns ihnen nicht einmal nähern. Zuvor hatte es noch Ordnung und einen Sinn für unsere Handlungen gegeben, jetzt war alles Chaos, jeder kümmerte sich nur um sich selbst.

Antoncić war der erste, der handelte. Er griff eine Kabinenleiter von vielleicht zwei Metern Länge und sprang von der höheren Leeseite des zerborstenen Schiffs ins Meer. Das schien mir die beste Lösung, also ergriff auch ich eine Leiter und sprang. Costa, der erste Offizier, folgte mir ebenso. Genau in dem Moment, als wir im Wasser auf Antoncić trafen, rief uns ein Schiffskamerad, den wir nicht erkennen konnten, von der hohen Seite des Schiffes zu: »Mut meine Brüder. Lebt wohl!« Als seine Worte die grauenvolle Stille des Wassers unter dem Schiff störten, traf erneut eine mörderische Welle und zog ihn mit sich fort in die Ewigkeit.

Mittlerweile wußte ich, daß die Leiter als Rettungsfloß ein Fehler war. Sie hielt mich kaum über Wasser und behinderte mich sogar bei dem Versuch, das Ufer zu erreichen, das ich fast zehn Meilen in östlicher Richtung vermutete. Also beschloß ich zum Schiff zurückzukehren, solange ich noch konnte. Als ich es schließlich erreichte, hatten Wind und Wasser es weiter auflaufen lassen. Es stand jetzt höher im Wasser, lag aber immer noch auf der Seite. Weil es weniger rollte, wirkte es sicherer als vor einigen Minuten, als ich es verließ.

Ich stellte fest, daß sich das Schiff um 180 Grad gedreht hatte und der Bug jetzt nach Süden zeigte. Die Unterseite des Schiffs bot einigen Schutz vor dem Anprall der Wellen, war aber zu glatt und konnte nicht erklettert werden. Ich ermüdete schnell, und Verzweiflung ergriff mich. Von denen, die an Bord geblieben waren, erhoffte ich keine Hilfe. Doch dann rettete mich die Vorsehung, es war die erste von vielen solcher Situationen, da ich unerwarteten Beistand erhielt. Als ich im Windschatten des Rumpfs Wasser trat, hob mich eine hohe Welle bis weit über die Wasserlinie hinauf, hoch genug, um eine eiserne Halterung zu ergreifen, die aus der Seite des Schiffs herausragte. Ich kletterte über die Seite und befand mich wieder unter meinen Kameraden.

Als sie mich sahen, schien ihnen klar zu werden, daß sie eine Überlebenschance hatten. Weil das Schiff jetzt eine festere Position auf dem Felsen gefunden hatte, war es ihnen gelungen, ein anderes Rettungsboot zu erreichen. Sie hatten dieses Boot bereits mit einigen nautischen Instrumenten und Proviant beladen und waren gerade dabei, es von dem jetzt relativ stabilen Wrack zu Wasser zu lassen. Vier von uns – Kapitän Miloslavić, Osojnak, Bucić und ich – arbeiteten daran. Drei andere Schiffskameraden – der zweite Maat Lovrinović, Zanetović und Vulović – kauerten in der Sicherheit der vorderen Piek. Pavisić, Radović, Jurić und Brajević saßen in der höchsten Takelung des letzten Masts. Sie beschlossen an Bord zu bleiben, anstatt mit uns das Boot zu besteigen.

Kapitän Vlaho Miloslavić, 1875, im Alter von sechsundzwanzig Jahren (oben links).

Erster Offizier Karlo Costa, 1875, im Alter von vierundzwanzig Jahren (oben rechts).

Seekadett Miho Baccić, 1875, im Alter von sechzehn Jahren (unten links).

Ich vermutete, daß der, der mir bei meinem Sprung über Bord zugerufen hatte, inzwischen ebenso wie Harry Groiss und Perancić umgekommen war. Von Costa und Antoncić glaubte ich, daß sie immer noch auf ihren Leitern trieben. Das bedeutete, daß nur über den Verbleib von Dreien keine Klarheit bestand. Ich betete, sie mögen in Sicherheit sein.

Es gelang uns, das Boot zu Wasser zu lassen, und die nächste Welle schon trug uns sicher vom Wrack weg. Aber der Strudel dieser Welle holte uns etwa fünfzig Meter vom Schiff entfernt ein und flutete das Boot.

Nur dadurch, daß ich den Kiel des gekenterten Boots faßte, gelang es mir aufzutauchen. Die anderen schienen vom schwarzen Ozean verschluckt worden zu sein. Ich hatte noch kaum begriffen, wie vage meine Sicherheit war, als ich einen Schiffskameraden im Wasser kämpfen sah. Es war Dediol. Mit Hilfe einer Schwimmweste gelang es ihm, die umgeschlagene Jolle zu erreichen und sich festzuhalten. Unter gemeinsamer Anstrengung – er am Bug, ich am Heck – schafften wir es, das Boot umzudrehen, und wir kletterten hinein. Das Wasser stand bis hinauf zum Dollbord und es gab nichts, womit wir hätten schöpfen können. Das Boot blieb geflutet, und es gelang uns nur schwer, es über Wasser zu halten. Dennoch stellte es einen mehr als willkommenen Hafen dar. Aber unser Gefühl von Sicherheit dauerte nicht lange, eine schwere Welle brachte uns zum zweiten Mal zum Kentern. Erneut konnten wir unter großer Anstrengung das Boot ausrichten.

Später erfuhr ich, daß Bucić das erste Umschlagen des Boots überlebt hatte, nachdem wir es erfolgreich zu Wasser gelassen hatten. Er hielt sich an einem großen Wrackteil fest und wurde Zeuge, wie Kapitän Miloslavić und der erste Maat Osojnak ums Überleben kämpften, dann aber ertranken. Bucić gelang es, zum Schiff und den dort verbliebenen sieben Mannschaftsmitgliedern zurückzuschwimmen. Sie blieben in den Wanten bis zum Tagesanbruch, als der Hauptmast fiel. Ihnen wurde klar, daß sie sich nicht länger auf dem Schiff halten konnten, denn es drohte jeden Moment auseinanderzubrechen. Einer nach dem anderen kletterten sie auf den Fockmast oder den Arm einer Rahe und sprangen in der Hoffnung ins Wasser, dort treibende Wrackteile zu finden, mit denen es ihnen gelingen könnte, das Ufer zu erreichen. Drei von ihnen – Bucić, Lovrinović, und Jurić – kämpften den ganzen Tag. Vier andere – Radović, Zanetović, Vukasinović und Pavisić – ertranken, nachdem sie das Schiff verlassen hatten. Niemand wußte etwas über den Verbleib von Brajević.

Sechs lange Stunden kämpften wir uns ans Ufer. Angst und Verzweiflung waren schlimmer als die schmerzhafte Ermattung, die daraus erwuchs, das kleine Boot in Bewegung zu halten und immer zu verhindern, daß es erneut kenterte. Gleichzeitig deutete nichts darauf hin, daß wir uns dem Land näherten. Langsam jedoch begannen die Wolken sich zu verziehen, und das Licht des Morgensterns, gefolgt von der Erwartung des bevorstehenden Sonnenaufgangs, ermutigte uns. Wir hatten die halbe Strecke zurückgelegt. Das Land schien näher. Plötzlich sah ich ein Segel! Hoffnung stieg in unsere Herzen, und obwohl unsere Kehlen ausgedörrt waren, schrien und winkten wir fast eine Stunde lang. Die Spannung war quälend, aber unsere Hoffnungen wurden enttäuscht. Es war nur ein kleines Floß aus Trümmerteilen, das mit einem Mann unserer Schiffsbesatzung bemannt war. Er hatte ein großes weißes Brett gefunden und aufgestellt, damit der Wind ihm half. Das stellte das »Segel« dar! Dennoch waren wir froh, daß Costa, der zusammen mit Antoncić und mir ins Wasser gesprungen war, überlebt hatte. Er verließ sein Floß und gesellte sich zu uns in unser sinkendes Boot, das mittlerweile von einem

Riff, an dem wir vorbeigetrieben waren, ein Leck hatte. Aber wir glaubten, daß wir das Land sicher erreichen würden, denn es schien nicht weiter als drei oder vier Meilen entfernt. Vor uns lag klares Wasser, und ein günstiger achterlicher Wind blies. Von körperlichen Schmerzen und geistiger Anstrengung waren wir jedoch zu erschöpft, um mehr zu tun, als uns treiben zu lassen. Wir sprachen nicht. Ich dachte über das nach, was uns zugestoßen war und welchen Tribut es von unserer kleinen Besatzung gefordert hatte.

Gegen zwei Uhr nachmittags, etwa zwölf Stunden nach dem Schiffbruch, wurden wir kaum noch atmend und völlig erschöpft an Land gespült. Eine Stunde später trieben Lovrinović, Antoncić und Bucić ans Ufer. Sie umklammerten Treibgut vom sinkenden Schiff. Gegen Sonnenuntergang kam Jurić an. Er war fast die gesamte Strecke geschwommen.

Als einzigen Trost, den wir dem unter uns bieten konnten, den es am schlimmsten getroffen hatte – Antoncić, er war nackt –, bedeckten wir ihn mit unseren eigenen Kleidungsstücken. Einer nach dem anderen krochen wir weiter vom Wasser weg, und mit unseren schmerzenden Händen gruben wir Löcher in den trockenen warmen Sand. Die erste Nacht verbrachten wir unter dem Sand und verschwendeten keinen Gedanken an den nächsten Tag.

Die folgende Liste der Schiffsbesatzung, wie sie im Originalmanuskript steht, verzeichnet die Namen, ihre jeweiligen Heimatorte und ihre überlieferten Posten an Bord:

Vlaho Miloslavić *Dubrovnik, Kapitän*
Karlo Costa *Dubrovnik, Erster Offizier*
Martin Osojnak *Rijeka, Erster Maat*
Ivan Lovrinović *Dubrovnik, Zweiter Maat*

Domenic Antoncić *Mali Lošinj, Schiffstischler*

Miho Baccić *Dubrovnik, Kadett oder Seeoffiziersanwärter*

Mato Zanetović *Kotor, Koch*

Baldassare Vukasinović *Gruž*

Josip Perancić *Mali Lošinj*

Grego Pavisić *Rijeka, Steuermann*

Fortuna Bucić *Rijeka, Steuermann*

Ivan Pavlo Radović *Potomje*

Ivan Jurić *Oskorušno*

Toma Dediol *Kućište*

Bozidar Vulović *Dobrota*

Nicola Brajević *Konavli*

Harry Groiss *Cardiff, Wales, Steward*

Am Strand

Kaum tagte es am folgenden Morgen, dem 28. Oktober, als wir Unglücklichen, durch die Nachtruhe ein wenig gestärkt, uns zusammentaten, um den Strand nach ans Ufer gespültem Proviant abzusuchen. Wir hofften natürlich, weitere Überlebende zu finden. Ein kurzer Vergleich unserer jeweiligen Erfahrungen am vorherigen Tag erbrachte, daß sieben Kameraden mit großer Wahrscheinlichkeit umgekommen waren. Es sind die folgenden Personen zu nennen: Kabinensteward Harry Groiss, Kapitän Miloslavić, der erste Maat Osojnak, der Koch Zanetović und Vukasinović, Pavisić und Radović.

Am Strand neben mir standen jetzt Costa und Dediol, die mit mir in der halbgesunkenen Jolle gewesen waren und Lovrinović, Antoncić, Bucić und Jurić, der fast die gesamte Strecke geschwommen war. Mit sieben Totgeglaubten und sieben hier am Strand blieben immer noch drei, deren Verbleib noch unklar war: Perancić, Brajević und Vulović. Wir wußten, daß Perancić nach dem mißglückten Versuch, das erste Rettungsboot zu Wasser zu lassen, aus der Takelung gerissen worden war. Die beiden anderen, die ohne Schwimmweste vom Hauptmast ins Wasser gesprungen waren, waren die letzten, die das sinkende Schiff verlassen hatten.

Wir beschloßen nach Norden über den Strand zu gehen, denn der Wind hatte auf Südwest gedreht. Wir sahen eine gewaltige Landzunge, die sich eine oder zwei Meilen im Norden von uns in den Ozean erstreckte – eine natürliche Barriere, die alle treibenden Objekte auffing, die vom Wind in seine Richtung getragen wurden.

Das vor der Küste gelegene Riff schien sich in einer Entfernung von drei oder vier Meilen parallel zur Küste zu erstrekken. Das ließ vermuten, daß die *Stefano* nicht auf einem Riff gestrandet war, oder wenigstens nicht auf diesem Hauptriff, das wir vor der Küste liegen sahen. Sie muß auf Felsen gelaufen sein, die dicht unter der Wasseroberfläche lagen [Punkt A auf der Karte Seite 11].

Schon am frühen Morgen war der Sand in diesen Breiten unangenehm heiß für meine nackten Füße. Obwohl der Strand breit, sandig und ohne Felsen war, ließen wir Jurić zurück, denn er hatte eine böse Verletzung am Fuß und konnte kaum gehen. Hinter dem Strand sahen wir Gräser und Dünen. Nur schwache Dünung rollte heran, denn das vor der Küste gelegene Riff brach die Kraft der Wellen, bevor sie das Land erreichten.

Nach etwa einer halben Meile in Richtung Norden begannen wir zu laufen, als wir etwas ausmachten, das wie ein direkt am Rand des Wassers auf dem Bauch liegender Körper aussah. Es war Brajević. Er atmete noch, war jedoch verletzt und nicht bei Bewußtsein. Wir waren zu erschöpft, um ihn zu tragen. Also zogen wir ihn weiter hoch auf den trockenen, warmen Sand, bedeckten ihn damit so gut es ging und setzten unsere Suche nach Treibgut fort. Nicht einmal eine halbe Meile später wurden wir belohnt. Wir fanden viel Treibgut auf einer Landzunge, die sich nach Norden und Westen hin ausdehnte [Point Cloates, in der Nähe von Punkt O]. Wir bargen zwei Kisten Wein, ein Faß Mehl, eine große Dose Schmalz, ein Faß Bohnen, etwas Olivenöl und andere Konserven, Fleisch, Fässer mit Zwiebeln und Kartoffeln und weitere Dosen mit Nahrung. Das meiste schafften wir nur bis hinter die Wassergrenze, damit die Flut es nicht davontrüge. Wir öffneten eine Flasche Wein, gaben Rationen für jeden einzelnen aus und verwahrten etwas für Brajević und Jurić.

Ein Schrei von Costa lenkte unsere Aufmerksamkeit auf etwas anderes, den Strand hinauf. Es sah aus wie ein Körper, und tatsächlich war es Vulović, bewegungslos daliegend, als erwarte er den Tod. Genau wie Brajević konnte er nicht stehen, aber mit Hilfe des Weins gelang es uns, ihn zu beleben und ihn halb ziehend, halb tragend schafften wir ihn bis dorthin, wo wir Brajević zurückgelassen hatten. Auch bei Brajević wirkte der Wein, und mit unserer Hilfe gelang es ihm, uns bis zu unserem Ausgangspunkt zu begleiten. Wir zählten jetzt neun, und es blieb nur noch Perancić, über dessen Verbleib wir immer noch nichts wußten.

Wir genossen unser erstes Essen bestehend aus kleinen Krabben und Langusten, die wir bei Ebbe am Strand gesammelt hatten. Sie wurden gepellt und in einer Paste aus Wein und Mehl gerollt. Selbst roh waren sie recht gut und verbesserten unseren Zustand so sehr, daß wir alle in der Lage waren, entlang der Landzunge, jedoch jenseits des Punktes, wohin unser erster Ausflug uns geführt hatte, nach weiterem Proviant zu suchen. Wieder stand das Schicksal auf unserer Seite, und wir fanden das wichtigste von allem, eine Tonne mit Trinkwasser. Wir alle brauchten es dringend. Weiter entfernt waren noch zwei Fäßchen mit Wein und nur einige Meter von der Tonne entfernt, der Körper von Radović. Wir konnten nur noch seinen Tod feststellen.

In der sengenden Sonne begann sein Körper schon zu verwesen, also gruben wir mit den Händen dort, wo der Strand auf den spärlichen Dünenbewuchs traf, ein niedriges Grab im weichen Sand. Als die letzte Handvoll Sand auf das Grab gelegt worden war, sprach Costa die folgenden Worte für Radović und die anderen, die im Wasser umgekommen waren:

Lieber Gott!
Gestern nacht stürmte eine robuste Mannschaft von jungen Menschen den Himmel
In ihrer Mitte ein blondes Kind –
Sein Gesicht und seine flehenden Augen verfolgen mich –
Keiner von ihnen war von einem langen Lebensweg ermüdet, alle waren jung genug, um dir zu dienen.
Halte sie zusammen, sei es auch nur darum, die Zurückgebliebenen zu trösten,
Denn wir wissen, daß Gemeinsamkeit
Die innigste Union mit dir ist.
Amen!

Der Zustand von Radovićs Leiche machte deutlich, daß das Klima eine doppelte Gefahr darstellte: Während des Tages war die Sonne unerträglich heiß, und die Nacht war feucht und kalt. Also beeilten wir uns, soviel Schiffstrümmer wie möglich zusammenzutragen. Den Rest des Tages bauten wir einen Unterstand. Wir fanden Lukendeckel, das Steuerrad, Leitern, Tische, leere Kisten und Tonnen, die Truhe des Bootsmanns, Teile von Rettungsbooten und des Masts, Rahen und Ruder. Die Truhe enthielt immer noch zwei Mäntel, drei Hemden, eine Nadel und etwas Faden, zwei Hobel und etwa zwanzig Meter Baumwolltuch. Das war für uns schlecht bekleidete Überlebende von großem Wert. Ebenfalls fanden wir einen Packen mit Briefen des Schiffseigners an den verstorbenen Kapitän Miloslavić.

In der Nähe der Stelle, an der wir an Land gespült worden waren, bauten wir ein Lager. Wir errichteten es auf einer sandigen Ebene mit Gräsern [Punkt B]. Vielleicht war sie das Bett eines ausgetrockneten Flußes. Im Süden des Lagers war ein sehr hoher Hügel, der uns vor der südlichen Meeresbrise schützte.* Nach Nordwesten hin schauten wir auf eine grasige Ebene mit einigen kleineren Büschen und Bäumen. In der Ferne lagen nur mit vereinzelter Vegetation bewachsene dunkle Hügel. Die Umgebung war öde, aber auf eine seltsame Weise schön.

Wir benutzten die größten Stücke der Masten und Spieren als vertikale Streben, die wir im Boden verankerten, und bauten eine rechteckige Rahmenkonstruktion von etwa zwei mal fünf Metern. Da wir weder Nägel noch Hämmer hatten, mußten wir die Querbalken mit geborgenen Leinen und Seilen vertäuen. Wir banden kleine Bretter zusammen und befestigten sie im versetzten Winkel auf dem Rahmen, um die Seiten und das Dach zu bauen. Das eigentliche Dach bildeten dann Segelteile, die wir auf dem Strand gefunden hatten. Einige davon waren lang genug, um über die Seiten hinabgezogen werden zu können. Die Tür lag nach Osten, und den Boden bedeckten wir mit einer Art von trockenem Gras, mit weicher baumwollartiger Blume. Aus dem Baumwollstoff, den wir aus dem Treibgut gerettet hatten, nähte Costa mit Nadel und Faden ein großes Laken, mit dem wir uns während der Nacht zudeckten.

Eigentlich hätte ich zu diesem Zeitpunkt empfinden sollen, daß unsere Situation sich verbessert hatte, aber ich war mit meinen Gedanken woanders, selbst als ich half, unser Lager zu bauen. Ich fragte mich, wie das Land war. Wir wußten nichts darüber, ebensowenig wie über die afrikanischen Länder, die wir vor einigen Monaten passiert hatten. Vielleicht

* Moderne topographische Karten zeigen einen etwa siebzig Meter hohen Hügel in der Nähe dieses Ortes. Er trägt den passenden Namen Camp Hill.

Lagerstätte Camp Hill (Skizze des Autors).

hätte mein Cousin Miloslavić etwas darüber gewußt. Er war sehr gebildet – aber nun tot. Außer daß die Engländer viele Gefängnisinsassen hierhergeschickt hatten und andere freie Siedler gekommen waren, um eine britische Kolonie zu gründen, wußte ich nichts. Aber ich hatte keine Ahnung, wo sie sich befanden – ob entlang der Küste oder im Landesinneren. Ich meinte, wir sollten sehr bald darüber sprechen. Die Geschichten über Kannibalen, die ich gehört hatte, versuchte ich zu vergessen.

Ich schien der einzige zu sein, der sich darüber Gedanken machte. Keiner wollte mit mir über das sprechen, was mich belastete. Jeder sorgte sich nur um das Essen. Denn wir mußten essen, um unsere Kräfte wiederzuerlangen. Den zweiten Tag an Land kümmerten wir uns darum. Wir hatten Nahrung, aber kein Feuer, und wir brauchten dringend etwas Warmes. Ich erinnerte mich, die Dose mit dem Sextantenbesteck unter den Dingen gesehen zu haben, die an Land geschwemmt worden waren, und lief los, um sie zu holen. Costa hatte es in der Frühe bereits geputzt und dazu benutzt, die Position des Wracks nach der Sonne zu bestimmen. Es war nur eine ungefähre Schätzung, denn er konnte nicht wissen, wie spät es war, um ihm einen exakten Fixpunkt zu geben.

Er bestimmte die ungefähre Position des Wracks mit neun Meilen west-nordwest von da, wo er stand oder etwa 22° 48' Breite und 113° 37' 4'' Länge.*

* Eine beachtenswert genaue Berechnung, wenn man Umstände und Unbekannte bedenkt. Moderne Karten zeigen Black Rock als das nächste Unterwasserhindernis – etwa zwei Meilen nördlich und unwesentlich weiter östlich als die angegebenen Längen- und Breitengrade. Ein weiterer Beweis, der vermuten läßt, daß das Schiff bei Black Rock auf Grund lief, ist die Tatsache, daß es dort in einem Radius von zwei Meilen keine anderen Felsen gibt. Ferner befinden sich die Riffe nur drei Meilen vor der Küste und nicht neun, und es existiert eine breite gefahrlose Durchfahrt durch die Riffe

Mein Interesse am Sextanten jedoch galt den Linsen. Vorsichtig löste ich eine heraus und benutzte sie, um den gebündelten Strahl der Sonne auf einige trockene Blätter und Zweige zu lenken. Außer Rauch erzeugte ich nichts. Dann schlug einer vor, ich solle etwas von dem Schießpulver untermischen, das wir ebenfalls in der Truhe gefunden hatten. Nach einer Sekunde entzündete sich das Schießpulver mit einer lauten Explosion. Die Linse zerbrach, und ich verbrannte mir meinen Arm. Jemand rieb mir Olivenöl auf die Verbrennung und verband mir meinen Arm mit Leintuch. Es blieb für den Rest meines Lebens eine Narbe. Nichtsdestotrotz brannte bald schon ein schönes Feuer, das mit den Trümmern der *Stefano* unterhalten wurde.

Jemand knetete einen dicken Teig aus Mehl und einigen Schlücken unseres kostbaren Wassers und backte ihn in einer teerverschmierten Dose. Das warme Brot war köstlich – trotz des Teergeschmacks, den ihm die Backform verliehen hatte und dem Sand, der in den Teig geraten war. Wir erhitzten auch eine Fleischkonserve, um unser erstes warmes Mahl nach dem Schiffbruch damit abzurunden. Während wir aßen, sagte keiner ein Wort. Ich verdrängte alle Gedanken an die Toten und auch an die Verwandten zu Hause, die ich vielleicht nie mehr wiedersehen würde. Es drängte mich zu schlafen, um den Gedanken zu entgehen, die ich nicht denken wollte. Aber in dieser Nacht kam der Schlaf nicht leicht. Ich weinte fast die ganze Nacht und erwachte schwach und mutlos.

Glücklicherweise gab es genug zu tun, um unsere Köpfe

zwischen Black Rock und der Küste. Während ihrer jüngsten Tauchoperationen in dieser Gegend haben die Meeresarchäologen des Western Australian Museums Black Rock untersucht, aber keinen anderen Hinweis auf ein Wrack gefunden als eine Spur von Kohlen auf dem Meeresboden unweit der Küste.

tagsüber mit anderen Gedanken zu beschäftigen. Ständig mußte das Feuer überwacht werden. Täglich machten wir uns auf die Suche nach Essen – sowohl entlang der Küste als auch im Landesinneren. Wir fanden hauptsächlich kleine Fische und Schalentiere. Dann war da noch der tägliche Weg vom Lager zur Wassertonne, die etwa zwei Meilen nördlich stand.

Diese Routine verlief für mehrere Tage ohne Zwischenfälle. Inzwischen war ich noch versessener darauf, herauszufinden, wo wir uns befanden und wie es möglich war, daß wir auf Grund gelaufen waren, wo wir doch noch acht Stunden, bevor es geschah, fünfzehn bis zwanzig Meilen vor der Küste in nordwestlicher Richtung unterwegs waren. Ich hätte Costa danach fragen können, während wir uns allein um das Feuer kümmerten, tat es jedoch nicht, denn ich wollte nicht, daß er dachte, ich hielte ihn in irgendeiner Weise für das Geschehene verantwortlich.

Meine Gedanken wurden plötzlich von einem Anblick unterbrochen, der mir fast das Herz zum Stillstand brachte. Eine große Gruppe von schwarzen Eingeborenen stieg einen kleinen Hügel in der Nähe unseres Lagers hinunter und kam direkt auf uns zu. Männer, Frauen und Kinder waren alle nackt, und einige trugen primitive Waffen. Ich hatte Horrorgeschichten über die wilden Völker der tropischen Meere gehört – Geschichten von Greueltaten und Kannibalismus. Obwohl ich diese Erzählungen nicht glaubte, wollte ich mich verstecken. Aber um uns war nichts als offenes Gelände. Da war kein Busch oder Strauch, der groß genug gewesen wäre, mich zu verbergen. Ich machte mich bereit, loszulaufen, obwohl ich wußte, daß ihre Gehgeschwindigkeit schneller war, als der schnellste Lauf, den ich jetzt zuwege brachte. Mehrere aus der Mannschaft, die in der Nähe fischten, gewahrten den gefährlichen Anblick und eilten zu meiner Erleichterung zu uns.

Jurić rief mit erstaunlicher Ruhe: »Das Wasser! Die Wassertonne! Lauf schnell mit mir hin, um sie zu beschützen!« Mehrere Besatzungsmitglieder hasteten in nördlicher Richtung über den Strand zu unserem wertvollen Wasserfaß, während die anderen zum Lager kamen.

Aber die Eingeborenen rollten und warfen bereits die Tonne umher, als ob sie ein gewaltiges Spielzeug wäre. Für Jurić und die anderen war das absolut nicht komisch, denn das Spiel dieser Unschuldigen konnte uns unseren letzten Wasservorrat kosten. Mit bemerkenswertem Mut ging Jurić zu den Schwarzen und machte ihnen mehr mit Gesten als Worten unsere Situation verständlich. Fast mit einem Gefühl von Ehrerbietung ließen sie von ihrem Spiel ab und konzentrierten all ihre Aufmerksamkeit auf uns. Sie nahmen eine sorgfältige aber behutsame Untersuchung von uns Eindringlingen vor. Unsere Körper, Haare und dürftigen Kleidungsstücke wurden inspiziert. Wir hatten besonders wegen der gefährlich aussehenden Speere in ihren rechten und den seltsamen, kurzen, gebogenen Stöcken in ihren linken Händen Angst.

Unversehens schienen sie alles Interesse an uns zu verlieren, und so schnell wie sie gekommen waren, verließen sie unser Lager und gingen an den Strand. Erleichtert atmeten wir auf. Ich kam aus der hintersten Ecke der Hütte hervor, wo ich versucht hatte, mich zu verstecken, und sah, wie Karlo Costa den Eingeborenen folgte. Die Eingeborenen suchten nach kleinen Krabben und Muscheln und fanden sie ohne große Probleme. Immer wenn sie etwas fanden, zögerten sie nie, es Costa anzubieten, bevor sie es selber an sich nahmen. Durch ihre Freundlichkeit und ihre vorherige Sanftheit ermutigt, sprach er sie abwechselnd englisch und französisch an und fragte nach der Lage von Champion Bay (im Süden von Shark Bay), von der er vermutete, sie müsse in der Nähe sein. Die

Eingeborenen wiederholten nur seine Worte so gut sie konnten und fügten nur gelegentlich das eine oder andere Wort aus ihrer eigenen Sprache an. Es war grauenvoll, denn wir spürten jetzt, daß sie uns helfen wollten, aber niemals dazu in der Lage wären, wenn wir ihnen nicht verständlich machen konnten, wie wichtig es für uns war, unseren Aufenthaltsort zu kennen. Sie schienen verwirrt, und sie schienen uns helfen zu wollen. Während sie noch miteinander sprachen, trat ein Mann fast ehrfürchtig an Costa heran und händigte ihm ein Stück Papier aus, das er auf den Felsen am Strand gefunden hatte.

Es war mehr als unglaublich, es war ein Wunder. Das Stück Papier, das er gefunden hatte, war eine der Karten der Nordwestküste Australiens von der *Stefano*. Das gerettete Stück zeigte nicht nur die Gegend, in der wir uns befanden, sondern auch das Ziel, das Costa im Kopf hatte – den Gascoyne River. Costa schaute auf die Karte und war in der Lage, genau den Punkt zu bestimmen, wo er an Land gekommen war – etwa 22° 48' Breite, genau im Süden von dem Ort, der auf unserer Karte Klute's Point genannt wurde.*

Der Gascoyne River lag 2 Grad südlich (24° 50'). Costa glaubte, hier würde man mit größter Wahrscheinlichkeit auf eine kleine weiße Ansiedlung stoßen. Ein weiterer Vorteil war – so glaubte er zumindest –, daß er selbst in Anbetracht

* Point Cloates auf zeitgenössischen Karten der Royal Navy – King, 1818-22; Finders, 1803. Das war für Costa eine sehr typische Entscheidung. Er wußte, daß weder Wasser noch Nahrung im Lager lange reichen würden, und ihm war klar, daß sie sich auf den Weg machen mußten, wollten sie überleben. Seine Vermutung, der Gascoyne River sei 2 Grad südlich, war korrekt. Jedoch mußte er sehr wohl gewußt haben, daß 1 Grad genau 60 Seemeilen entsprach [1 SM = 1,852 km Anm. d. Übers.] und somit die gesamte zurückzulegende Entfernung nicht 80 sondern 120 Meilen betrug. Baccić hätte das nicht mißverstehen können, wenn man die Bemerkung über einen acht- oder zehntägigen Marsch bedenkt.

unseres gegenwärtigen Zustands zu Fuß zu erreichen war. Costa war optimistisch. Zufrieden sagte er, es sei nicht weiter als »achzig Meilen entfernt, die wir sicher problemlos in acht bis zehn Tagen zurücklegen können. Wir gehen morgen.« Die Vorstellung, eine Ansiedlung zu erreichen, erfüllte uns mit großer Freude. Die Eingeborenen schienen den Grund für unsere Freude nicht zu verstehen, standen aber auch unseren Gründen, Freude zu empfinden, gleichgültig gegenüber. Großzügig teilten sie einige karge schwarze und rote Bohnen mit uns, die sie zuvor gesammelt hatten. Sie verzehrten sie roh und tranken nach dem Essen viel Wasser. Das Mahl versetzte sie in eine freudige Stimmung. Als wir gegen Mitternacht unter unser kleines Stück Segel krochen, verließen sie uns.

Am nächsten Morgen war das Wetter zum ersten Mal völlig ruhig und klar. Wir schrieben den 1. November, Allerheiligen. Kurz nach Sonnenaufgang versteckten oder vergruben wir alle Güter und allen Proviant, den wir nicht mitführen konnten. Wir nahmen zwölf Flaschen Wein und zwölf Flaschen Wasser, ein paar Dosen mit salzigem Fleisch und ein Fäßchen mit Mehl und Bohnen mit auf den Weg. Wir hofften, unterwegs auf eine Süßwasserquelle zu treffen. Ebenfalls wußten wir, daß wir uns auf Schalentiere, Krabben und was immer man entlang des Strandes finden konnte, verlassen mußten, sobald unser kleiner Nahrungsvorrat sich erschöpfte. Costa wollte nicht eher aufbrechen, bis er nicht die Namen des Schiffes und seiner Mannschaft, lebendig oder verstorben, in eine Kabinentür von der *Stefano* geritzt hatte. Die Tür war inzwischen ein Teil der Hütte, die wir gebaut hatten.

Ein großes Stück Leinen vom Wrack wurde in Streifen gerissen, um es um unsere empfindlichen Füße zu wickeln, denn sie waren inzwischen von Insektenstichen und kleinen Schnitten des harten Grases, von Dornen und Felsen erheblich verletzt. Das kostbare Feuer, das ich entzündet hatte, wurde gelöscht. Ich empfand ein starkes Gefühl des Verlusts, als es verrauchte. Wir gingen schnell fort, um nicht in Versuchung zu geraten, zu bleiben. Wir verließen den Küstenstreifen und marschierten ins Landesinnere und konnten so einen viel direkteren Kurs einschlagen, als dem viel längeren Weg über den Strand zu folgen. Abgesehen davon, versprach die Inlandroute, da es eine hübsche Grasebene war, Erholung von den Unannehmlichkeiten des brennend heißen Sandes. Wieder einmal erwiesen wir uns als naiv. Was uns wie ein einladendes Feld kühlen Grases vorkam, war eine Matte aus harten Blättern, Dornen und Disteln, die unsere Füße und Beine zerkratzten. Es zerriß sogar unsere Kleidung. Um die Mittagszeit zwang uns die Sonne, ein großes Stück Segeltuch über unseren Köpfen zu tragen. Es half nicht wirklich. So weit im Landesinneren gab es keine kühlen Brisen vom Indischen Ozean, die gelegentliche Abkühlungen von der lähmenden Hitze mit sich brachten.

Ungefähr um die Mitte des zweiten Nachmittags waren wir fast völlig erschöpft. Obwohl wir weder unter Durst noch unter Hunger litten, stellten wir fest, daß wir keine zwanzig Meilen an zwei Tagen marschieren konnten. Wir fragten uns, ob wir in den wenigen Tagen überhaupt irgend etwas zustande bringen würden. Wir hatten noch kein Wasser gefunden und nach dem ersten Tag, außer einigen geschmacklich widerwärtigen Schalentieren, keine Nahrung, und selbst die schienen seltener zu werden.

Zu unserer Überraschung war es Costa, der als erster unter dem seelischen und körperlichen Druck zusammenbrach. Gegen Ende des dritten Marschtages [Punkt C, in der Nähe von Point Maud] warf er sich auf den Boden und erklärte, er sei nicht mehr fähig, auch nur einen einzigen Schritt zu tun. Zunächst drängte er uns, dann befahl er, wir sollten ihn zurücklassen, damit er sterben könne und wir eine bessere Chance hätten, uns zu retten. Dann sagte er zu mir, als wisse er genau, daß ich ausersehen war zu überleben: »Wenn du gerettet wirst und unsere Heimat wiedersiehst, dann erinnere dich an meine Bitte. Überbringe meine letzten Grüße an meine liebe Mutter und meine Schwester Amalia. Sag ihnen, ich sei mit ihren Namen in meinem Herzen und auf meinen Lippen gestorben.«

Mehrere von uns begannen, laut zu weinen. Obwohl ich der Jüngste und Unerfahrenste war, meinte ich doch zu wissen, warum Costa zusammengebrochen war. Die Ursache war nicht nur körperlicher Natur. Er schien sich für unsere Situation verantwortlich zu fühlen und war gleichzeitig davon überzeugt, wir könnten nicht überleben. Schuld und Selbstvorwürfe hatten ihn übermannt.

Ich muß gestehen, daß ich mich schon fragte, wer für das Unglück zur Verantwortung zu ziehen war, nachdem der Schock des Schiffbruchs nachgelassen hatte. Ich fragte mich, wie ein solcher Fehler passieren konnte, wenn nicht durch Fahrlässigkeit. Ich wußte, wer am Steuer gestanden hatte und einen nordöstlichen Kurs hielt, als die Situation eindeutig nach einem nordwestlichen verlangte, aber ich habe seinen Namen nicht aufgezeichnet. Ich weiß nicht, ob es Costa war oder Miloslavić, der dem Steuermann den falschen Befehl gab. Aber es schien, als beschuldigte Costa sich selbst, weil auf See der Älteste immer für die Sicherheit seines Schiffs und seiner Mannschaft verantwortlich ist, und das ist völlig unabhängig von den gegebenen Umständen.

Ich wollte nicht, daß Costa sich selbst bestrafte. Nicht nur war ich ein Freund, ich war ein Blutsverwandter. Ohne zu zögern, versuchte ich ihn aufzuheben und zu tragen. Ich hörte mich selbst sagen: »Lieber Costa, wir wurden dir zur Last, als

Gegend um Point Maud etwa fünfundzwanzig Meilen südlich von Point Cloates; ein voller Dreitagesmarsch für die Schiffbrüchigen. Am Ende des dritten Tages gab der Erste Offizier Costa hier fast auf, weiter nach Süden zu wandern, denn der weiche Sand und die erdigen Pfade verwandelten sich in scharfen felsigen Untergrund (Punkt C).

Miloslavić starb. Ich will dir nicht länger eine Last sein. Jetzt ist es an der Zeit, daß wir dich tragen, der du uns so sicher über die letzten sieben Tage hinweggetragen hast.« Die anderen Männer halfen umgehend, Costa zu stützen. Bis heute frage ich mich, woher ich diese Worte nahm und woher den Willen, sie so kraftvoll zu sprechen.

Nach zwei oder drei Tagen gelangten wir in die Nähe von Cape Anderson. Am 7. November überschritten wir jetzt wieder unter Costas Führung den Wendekreis des Steinbocks. Er äußerte kein weiteres Wort der Verzweiflung mehr, aber wir hatten uns kaum von dieser Krise erholt, als sich die nächste anbahnte. Am Nachmittag des siebten brachen Jurić, Bucić und Vulović, von Erschöpfung, Durst und Hitze übermannt, auf dem brennend heißen Sand zusammen [Punkt D]. Dieses letzte Unglück stellte uns vor ein wirkliches Problem. Wir wußten nicht, ob wir unsere Schiffskameraden zurücklassen und uns in der Hoffnung weiterkämpfen sollten, uns selbst zu retten und dadurch eventuell auch die, die wir zurückließen, oder ob wir bei ihnen bleiben sollten, dann allerdings mit geringer Hoffnung darauf, daß einer von uns überleben würde. Wir beschlossen, die drei wenigstens vorübergehend zurückzulassen, um herauszufinden, ob wir einen sicheren Zufluchtshafen und vielleicht sogar Wasser und Nahrung finden könnten.

Wir wanderten den gesamten nächsten Tag und einen Teil der Nacht auf harten Felsen und durch dorniges Gestrüpp, fanden jedoch weder Wasser noch Essen. Wir wußten nicht, daß nur ein paar Schritte weiter im Landesinneren ein wohlbekannter Pfad lag, der von den Eingeborenen benutzt wurde. Unglücklicherweise kam es uns nie in den Sinn, daß ein solcher Pfad existieren könnte.

Als wir mitten in der Nacht rasteten, versuchte ich zu schätzen, wie weit die Strecke war, die wir seit dem Aufbruch aus dem Lager bereits zurückgelegt hatten, und wie weit wir noch gehen mußten, bis wir an den Gascoyne River und die dort vermutete Ansiedlung gelangten. Wir waren am Nachmittag des 1. November aufgebrochen, und heute hatten wir den achten. Wegen der Hitze und der daraus entstehenden Erschöpfung hatten wir viel Zeit während des Tages verloren, aber wir holten diesen Verlust dadurch wieder auf, daß wir auch nachts marschierten. Insgesamt waren acht Tage vergangen. Ich glaube nicht, daß wir weit hinter unserem Plan zurückblieben, zehn Meilen am Tag zurückzulegen. Costa hatte uns gesagt, unser Ziel liege nur acht oder zehn Tage entfernt. Wir würden es sicher morgen oder am folgenden Tag erreichen. Andererseits war es erst gestern morgen, daß wir Cape Anderson passiert hatten – oder zumindest das, was wir nach dem wertvollen Fragment unserer Karte, die Costa bei sich trug, dafür hielten.

Bei dem Gedanken, Costas ursprüngliche Berechnungen könnten falsch sein, begann ich zu zittern! Nur zwei Grad Süd, hatte er gesagt – nur achtzig Meilen, acht oder zehn Tage.

Nachdem ich mich beruhigt hatte, berechnete ich unsere Position erneut und erkannte bald die grauenhafte Wahrheit. In der letzten Nacht, nur fünfzehn Meilen zurück, hatten wir nur unwesentlich im Norden von Cape Farquhar den Wendekreis des Steinbocks überquert. Zu diesem Zeitpunkt hätten wir 1° 30' nördlich vom Gascoyne River sein können, denn der Wendekreis des Steinbocks liegt bei 23° 30' Süd. Wir hatten nur ein Viertel der ursprünglich berechneten Entfernung bis an unser Ziel zurückgelegt. Das hieß, daß wir nicht ein oder zwei Tage davon entfernt waren, sondern noch nicht einmal die Hälfte geschafft hatten. Vor uns lagen mindestens noch sechs bis acht weitere Tagesmärsche. Es war, als wären wir gerade erst losgegangen – jetzt aber geschwächt von Hunger und Durst.

Ich wußte nicht, ob ich Costa mit meiner schrecklichen Information konfrontieren sollte. Ich wußte nicht, was für eine Wirkung eine solche Nachricht auf meine Schiffskameraden haben könnte, ganz abgesehen davon, daß ich mich auch irren konnte. Vielleicht hatte Costa uns absichtlich falsch informiert, um uns Hoffnung und Mut zu machen. Schließlich schlief ich ein, ohne eine der Fragen, die ich mir selbst gestellt hatte, beantwortet zu haben.

Am nächsten Tag war jeder relativ guter Laune. Costa und ich mußten die einzigen sein, die wußten, daß wir unser Ziel weder bei Sonnenuntergang noch am nächsten Tag erreichen könnten. Bevor wir losgingen, folgte Dediol einer guten Eingebung und vergrub das Mehlfaß, denn er war nicht mehr in der Lage, auch nur die geringe Anstrengung aufzubringen, deren es bedurfte, es zu tragen. Der Tagesmarsch war sehr kurz. Noch nicht einmal der halbe Tag war vergangen, als Müdigkeit und Durst uns zum Stillstand brachten. Dennoch hatten wir Glück – wir fanden den ersten natürlichen Unterstand in all der trostlosen Landschaft, die wir gesehen hatten, seit wir an Land gekommen waren. Wir sahen einen Felsenkamm, der bis auf ein paar Meter an die Küstenlinie herunterkam. Die Seite, die aufs Meer hinausging, war von Wind und Wasser ausgewaschen worden und bildete eine natürliche kleine Höhle von etwa sieben Meter Breite und nicht mehr als drei bis sechs Metern Höhe. Das war der erste Schatten, den wir fanden. Sie schützte uns nicht nur gegen die Sonne, sondern gab uns auch Schutz gegen den starken Wind, und wie wir in dieser Nacht herausfinden sollten, sie wärmte uns auch. Da die Felsen von der Sonne aufgeheizt waren, gaben sie diese Hitze während der kühlen Nacht langsam wieder ab. Mit Hilfe von Costas Karte konnten wir bestimmen, daß wir uns am nördlichen Ende von Cape Farquhar befanden. Obwohl wir das noch nicht wissen konnten, waren wir dazu verdammt, an diesem Ort viele Tage mit großen Leiden zu verbringen [Punkt E].

Wir waren jedoch nicht wirklich fähig, die Erleichterung zu schätzen, die uns dieser freundliche Ort bieten könnte, denn unser Hunger und unser Durst waren zu groß. Wir hatten nur noch eine kleine Flasche Wasser und etwa ein Pfund Mehl für sechs Männer.

Plötzlich erregte ein Rascheln in den Büschen neben der Höhle unsere Aufmerksamkeit, und einen Augenblick später standen zwei robuste Eingeborene in unserer Mitte. Unter anderen Umständen hätte der Anblick dieser wilden und erschreckend bewaffneten Kreaturen uns sicher mit Angst und Panik erfüllt. Aber unsere ersten Erfahrungen mit ihnen hatten uns keinen Anlaß zur Sorge gegeben, und was hätte schlimmer sein können als die Notlage, in der wir uns bereits befanden? Keiner von uns hatte Angst, daß diese wilden Männer uns foltern würden. Unsere einzige Reaktion war, ihnen mit den Augen zu folgen. Sie schienen uns genauso neugierig zu betrachten wie die erste Gruppe, die wir getroffen hatten. Der, der in meiner Nähe stand, kam auf mich zu und begann, meine Arme und meine Haut zu betasten, die immer noch recht blaß und weich im Vergleich mit seiner war. Die zerfetzten Lumpen, die mir als Kleidung dienten, waren zum zweiten Mal Objekt genauer Untersuchung.

Mimik und Gesten der Eingeborenen ließen erkennen, daß sie verstanden, daß wir verdursteten und verhungerten. Die Aborigines versuchten mit uns zu sprechen, aber ihre Sätze blieben unverständlich. Es war viel einfacher, ihre Bedeutung aus den Gesten zu erschließen. Sie wollten, daß wir ihnen folgten. Ich sah keinen Grund dafür, warum wir das nicht tun sollten, und führte unsere Gruppe aus der Höhle. Auch bei unserem zweiten Zusammentreffen mit den Eingeborenen erfuhren wir nichts anderes als Freundlichkeit und Neugierde von ihnen und nicht die Brutalität, die wir ihnen noch vorher zugeschrieben hatten. Schnell brachten sie uns vom Ufer weg, bis wir einen schmalen aber gut ausgetretenen Pfad erreichten, der zu einem leicht ansteigenden Hügel im Osten führte. Jenseits des Hügels war eine herrliche und einladende Grasebene. Dort standen eine Unzahl von blühenden Pflanzen und Sträuchern – für unsere Augen war es wie eine Vision vom Paradies, denn sie waren vom monotonen Glanz und der Hitze des brennenden Sandes müde. Die Eingeborenen schauten auf die Ebene, als suchten sie etwas, das sie dort zurückgelassen hatten.

Plötzlich schienen sie etwas gefunden zu haben. Eine niedrige Aushöhlung in der Erde – vielleicht dreißig Zentimeter tief und teilweise mit Baumrinde und trockenen Sträuchern bedeckt. Sie schauten intensiv auf dieses Loch im Boden. Wir sammelten uns um sie, konnten aber nichts sehen. Die Aborigines begannen mit den Händen in der sandigen Erde zu graben, und schon bald schien der Sand feucht zu sein, den sie heraushoben. Genauso schnell, wie sie die feuchte Erde aushoben, klopften sie sie entlang der Wände des rasch größer werdenden Lochs fest, um so eine feste Oberfläche zu bilden und zu verhindern, daß trockener Boden zurück in die Ausgrabung fiel.

Der Anblick des feuchten Sandes entzückte uns über die Maßen. Halbirre vor Durst griffen wir uns Hände voll feuchter Erde und stopften sie in unsere Münder. Durch unser merkwürdiges Verhalten nicht gestört, gruben die Eingeborenen bis auf eine Tiefe von etwa anderthalb Metern weiter. Nun strömte klares Süßwasser in den Brunnen. Unser Überschwang und unsere Freude schienen die Eingeborenen zu erstaunen. Überstürzt tranken wir kühlende Schlucke – einmal, zweimal, dreimal.

Wir füllten die leeren Flaschen, die wir in der Erwartung, Wasser zu finden, bei uns führten. Ebenso wie der Brunnen, lief auch mein Herz plötzlich vor Dankbarkeit für diese beiden schwarzen Moses über, die auf geheimnisvolle Weise Wasser aus dem Felsen der Wüste gewrungen hatten, um uns vor dem sicheren Tod zu bewahren.

Als sei es eine Gegenleistung für die uns geleisteten Dienste, bestanden die beiden mit Worten und Gesten darauf, ihnen unser wertvolles Mehl zu geben. In Anbetracht der Tatsache, daß sie gerade Wasser für uns gefunden hatten, konnten wir nicht ablehnen und händigten ihnen unseren kleinen Schatz aus. In ein paar Sekunden nur hatte einer der beiden mit ein paar trockenen Zweigen, die sie zusammensuchten, ein Feuer angezündet. Er tat es so schnell, daß keiner von uns wußte, wie er es gemacht hatte. Der andere holte einen hohlen Stein hervor, in dem er eine Paste aus Mehl und Wasser mischte, die er dann im Stein zum Backen auf das heiße Feuer stellte. Nach ungefähr fünfzehn Minuten wurde das fertige Brot von der Flamme genommen, und anstatt es selbst zu verzehren, händigten die beiden Schwarzen – und das erschien uns wie ein Wunder – den ganzen Laib Costa aus.

Ihre Großzügigkeit trieb mir die Tränen in die Augen, und Costa blinzelte schüchtern und wischte sich über die Wangen. Obwohl wir seit gestern nichts mehr gegessen hatten, teilte Costa das kleine Brot und gab die ersten Rationen an unsere Wohltäter aus, und wir feierten ein Fest mit Wasser und Brot.

Sobald wir gegessen hatten, deuteten uns die Aborigines durch Zeichen an, daß sie uns nun verlassen und nach Norden weiterziehen würden. Da er jetzt den Eingeborenen traute, beschloß Costa, ich solle mit ihnen gehen und das Mehlfaß finden, das Dediol am Morgen des vergangenen Tages wegen seiner Erschöpfung vergraben hatte. Obwohl es nur ein paar

Meilen waren, und ich nicht länger als ungefähr eine Stunde dafür benötigen würde, war ich überhaupt nicht glücklich darüber und versuchte, diese Aufgabe an Dediol abzuwälzen, der sich wohl bestimmt genau daran erinnern würde, wo er den Schatz versteckt hatte. Aber Dediol hatte sich bereits freiwillig für die härtere und auch wichtigere Aufgabe gemeldet, etwas von dem Wasser aus unserer neuen Quelle dorthin zu bringen, wo wir unsere Kameraden vor zwei Tagen zurückgelassen hatten. Zwei weitere gingen mit ihm, Costa sollte den Strand nach Nahrung absuchen, und Lovrinović würde das Feuer bewachen und unterhalten.

Es gab also keine Möglichkeit für mich, den Auftrag zu verweigern, obwohl ich mich vor diesen beiden Schwarzen ernstlich fürchtete. Sie hatten verstanden, daß ich mit ihnen gehen sollte, und versuchten mich dazu zu bringen, vor ihnen her über den Pfad zu gehen. Obwohl ich wußte, daß sie uns halfen, zitterte ich immer noch und stand kurz davor, die Nerven zu verlieren, als ich vor ihnen her über den Pfad eilte. Zwei kurze Zusammentreffen mit Aborigines, wenn auch freundlich, reichten noch nicht aus, all die Warnungen zu verdrängen, die ich in meinem Leben gehört und gelesen hatte: »Hüte dich vor den schwarzen Barbaren – den Kannibalen!«

Bald wurden die beiden Eingeborenen mit meinem langsamen Schritt ungeduldig und überholten mich. Sie liefen zwanzig Meter vor mir her, schauten sich um und machten mir Zeichen, mich zu beeilen. Aber selbst wenn sie langsam gingen, konnte ich nicht mit ihnen mithalten. Ich dachte bei mir, daß sie großartig aussahen, wie sie durch das wilde Strauchwerk zu schweben schienen. Sie bewegten sich so ohne Anstrengung!

Nachdem ich sie eine Weile beobachtet hatte, begann ich festzustellen, daß ich ihnen eher ähnlich als unähnlich war. Bis auf die Farbe haben wir dieselben körperlichen Merkmale, und nach den Tagen, die ich unter der tropischen Sonne verbracht hatte, verstand ich, daß auch ich schwarz oder fast schwarz gewesen wäre, wenn ich mein ganzes Leben in diesem Klima verbracht hätte. Zu diesem Zeitpunkt hatten sich meine Ängste fast verflüchtigt, und ich empfand sogar auf eine merkwürdige Weise so etwas wie Neid diesen beiden Männern gegenüber. Wie war es möglich, daß meine Schiffskameraden und ich in diesem Land so völlig hilflos waren, während diese primitiven Männer alles meisterten? Wenn es ihnen gelang, alles zum Leben Notwendige in dieser Wildnis zu finden, warum konnten wir es dann nicht? Ich erkannte nur einen Weg, wie ich mich ihnen gegenüber als ebenbürtig erweisen konnte. Ich konnte lernen. Ich wußte, daß ich ihnen auf so vielen Gebieten überlegen war – Gebieten, von deren Existenz sie nicht einmal wußten. Aber wichtiger als alles: durch die Taufe war ich ein Kind Gottes geworden, und damit Erbe ewigen Lebens. Auf der anderen Seite konnten diese »Wilden« niemals ins himmlische Königreich eingehen. Ich erinnerte mich daran, daß wir ihnen unser Leben verdankten. Vielleicht könnte ich sie taufen. Ich wünschte, sie wären weiß gewesen.

Inzwischen waren die Eingeborenen in einen Singsang gefallen, »Bulava, bulava.« Später verstand ich, daß es nichts weiter war, als ihre einfache Imitation des englischen »flour, flour«*. Offensichtlich wußten sie, weswegen Costa mich ausgeschickt hatte. Ein wenig später stellte ich fest, daß ich sie weder hören noch sehen konnte. Ich bekam solche Angst, daß ich beschloß, so schnell wie möglich dorthin zurückzulaufen, wo ich Costa verlassen hatte. Noch bevor ich den Gipfel des ersten Hügels erreicht hatte, tauchten drei wild aussehende und schwerbewaffnete Aborigines aus dem Nichts auf. Ich er-

* Mehl, Mehl (Anm. d. Übers.)

starrte. Sie kümmerten sich nicht um mich, sondern folgten stumm ihrem Weg. Sie verließen den Pfad und verschwanden im Busch. Dieses Erlebnis überzeugte mich davon, umzukehren und die beiden Eingeborenen wiederzufinden, mit denen ich mich auf den Weg gemacht hatte, um das Mehl zu finden, wie Costa mir befohlen hatte. Unglücklicherweise kam ich zu spät. Das Fäßchen war ausgegraben und geleert worden, und ich mußte mit leeren Händen zurückkehren. Gegen Einbruch der Nacht traf ich Costa. Wir teilten uns ein paar Muscheln und gruben uns dann die üblichen Löcher für unsere müden Körper in den Sand. Schon bald fand ich tiefen erholsamen Schlaf. In der Zwischenzeit hatten Jurić, Bucić und Vulović – die drei, die wir vor zwei Tagen zurückgelassen hatten (etwa fünfzehn Meilen nördlich) – nur einen halben Tag geruht, waren dann mitten in der Nacht aufgestanden, um wieder mit uns zusammenzutreffen. Sie wanderten die ganze Nacht und in den Tag hinein, bis die tropische Hitze sie erneut übermannte. Jetzt beteten sie um einen schnellen Tod und nicht mehr um Rettung – ihr Unglück sollte beendet werden. Es sollte jedoch Rettung sein. Wahrscheinlich von Mitgliedern desselben Stamms, von dem unsere beiden Besucher kamen. Eine große Gruppe von etwa fünfzig Eingeborenen traf auf unsere Schiffskameraden, die niedergesunken und dem Tod nahe waren. Ohne zu zögern trugen die Eingeborenen sie zu einem nahegelegenen Brunnen. Das Süßwasser erwies sich als geheimnisvolle Medizin für unsere Freunde. Mit neubelebtem Mut und wiedergefundener Energie waren sie in der Lage, mit dem Stamm bis zu einer nahen Lichtung zu gehen, wo die Eingeborenen ein Feuer entzündeten und ihnen ein reichliches Mahl aus gebackenem Fisch bereiteten. Die drei ausgehungerten Schiffbrüchigen konnten nicht aufhören, sich über die unendliche Großzügigkeit dieser fremden Wesen zu wundern.

Hoffnung und Energie waren wiederhergestellt, und sie wußten, daß die Chance, uns einzuholen, sich verbessert hatte, besonders nachdem Jurić im Sand Fußspuren gefunden hatte, die er ganz sicher für die unseren hielt. Diese Spuren machten offensichtlich denselben Eindruck auf die Schwarzen, denn zwei von ihnen begannen sofort den Pfad entlang zu gehen, und sie bedeuteten den drei Weißen, ihnen zu folgen. Sie verließen die kleine Ebene und bewegten sich etwas mehr ins Landesinnere und gingen nach etwa einer Meile nach Süden, bis sie zu einer bemerkenswerten Oase kamen. In Mengen standen dort blühende Sträucher, und weiches Gras bedeckte eine große offene Fläche, die von Bäumen umstanden war. Es muß sich hier um einen regelmäßigen Treffpunkt für eingeborene Stämme gehandelt haben, denn überall lagen Reste ihrer Mahlzeiten. In der Mitte der Ebene befand sich ein kleiner Hügel, der einem Vulkankrater glich. Auf der Ostseite des Hügels war ein kleiner, klarer und kühler Teich. Später fanden wir heraus, daß der Ort zu dem unsere Schiffskameraden gebracht wurden, nur drei Meilen von dem Punkt entfernt lag, wo der Rest von uns gerettet worden war [Punkt F].

Jurić und seine Begleiter hatten noch kaum die Schönheit des Orts bemerkt, als schon der Rest des Stamms aus dem Norden ankam, und fast gleichzeitig gesellte sich ein weiterer Stamm zu ihnen, der aus dem Süden oder Osten kam. Das Treffen schien verabredet. Die Stämme vermischten sich schnell, und die Leute begrüßten einander aufgeregt. Jetzt befanden sich dort etwa 130 Männer, Frauen und Kinder – viele von ihnen waren merkwürdig bewaffnet. Bis ich diesen Bericht hörte, wußte ich nicht, daß ich mit meinen Ängsten vor den Schwarzen nicht der einzige war. Die drei Männer kauerten in einem Haufen zusammen und versuchten ihre Kräfte und ihren Mut wiederzugewinnen, als ein unerwarteter Schrei aus einer neuangekommenen Gruppe erscholl: »Brüder, Brüder!« krächzte eine aufgeregte Stimme. Im nächsten Moment schon sprang der Rufer aus dem Gedränge, immer noch in unserer Muttersprache schreiend.

Es war Perancić, der bis dahin zu den Toten gezählt wurde, die mit der *Stefano* untergegangen waren. Das Zusammentreffen mit einem, der für tot gehalten worden war, war äußerst warmherzig. Als man mir später die Einzelheiten erzählte, war ich zu Tränen gerührt.

Perancić erzählte, wie eine gewaltige Welle genau in dem Moment über das Schiff schwappte, als er versuchte, eins der Rettungsboote der *Stefano* von seinen Vertäuungen zu lösen. Er wurde, das dachten wir zumindest damals, genau wie der junge Harry Groiss, unser erstes Opfer, von den Spieren über Bord gespült, und war genau wie er in den Fluten umgekommen. Aber Perancić tauchte an der Leeseite des Schiffes zwischen lauter Trümmerteilen – Holz, Segel und Leinen des sinkenden Schiffs – wieder auf und hielt sich mit dem Mut der Verzweiflung daran fest. Sein Kampf gegen den Tod dauerte die Nacht und den gesamten folgenden Tag hindurch an. Gegen Abend wurde er mehr tot als lebendig, etwa zehn Meilen südlicher als wir, an Land geworfen. Wir berechneten die Position später, es war einer der wenigen Orte an der Küste, wo eine Lücke im Riff es gestattete, sicher den Strand zu erreichen. Perancić suchte unter einigen überhängenden Felsen in der Nähe des Strandes Zuflucht und verbrachte dort zwei Tage. Er ernährte sich von süßen, wässrigen Beeren, die in der Nähe wuchsen. Am dritten Tag traf er den Eingeborenenstamm, als er nach Wasser und anderer Nahrung suchte. Statt ihm Übles zu wollen, kümmerten sie sich um ihn und teilten, was immer sie an Wasser und Essen in der Wildnis fanden, zwischen sich auf. Dies war nur ein weiterer Beweis für die unerwartete Großherzigkeit der wilden Männer, über die man uns in der Schule so viel zu lehren gewußt hatte.

Nachdem Perancić seine Erlebnisse erzählt hatte, berichtete Jurić von unseren eigenen Abenteuern und schlug vor, alle vier sollten sich auf den Weg an die Küste machen, wo die Aussichten am besten waren, mit dem Rest von uns zusammenzutreffen. Als sie den Strand erreichten, sahen sie Brajević, Antoncić und Dediol, die ihnen das Wasser bringen wollten. Antoncić war besonders glücklich, Perancić wiederzusehen, denn sie stammten beide von der Insel Mali Lošinj in der Bucht von Kvarner und waren seit frühester Kindheit Freunde.

Die sieben Männer wandten sich nach Süden, und nachdem sie vielleicht drei Meilen zurückgelegt hatten, trafen sie Costa, Lovrinović und mich am Brunnen [Punkt E], wo wir unser Feuer versorgten und Nahrung suchten. Nach diesem dritten Treffen aßen wir ein wenig und legten uns dann zur wohlverdienten Ruhe nieder. Es war ein Tag voller aufwühlender Ereignisse!

Zum ersten Mal seit dem Unglück zählten wir Überlebenden zehn Personen. Es war der 8. November, nur zwölf Tage, nachdem wir bei Black Rock auf Grund gelaufen waren, aber es erschien uns wie eine Ewigkeit.* Nach unserem Kartenteil zu urteilen, befanden wir uns am oder in der Nähe von Cap Farquhar. In acht Tagen hatten wir erst sechzig oder siebzig Meilen zurückgelegt. Nach meinen Berechnungen hatten wir

* Auf Seite 50 gibt Baccić ebenfalls den 8. November an. Das läßt vermuten, daß die Überlebenden, trotz ihrer gegenteiligen Versicherungen, nicht fähig waren, Tage und Daten genau nachzurechnen. Statt aber die zitierten spezifischen Daten oder die Beschreibungen der dazwischenliegenden Tage zu ändern, sind die Ungenauigkeiten beibehalten worden. Allerdings war der daraus erwachsende Fehler auf die Gesamtperiode übertragen minimal, ein oder zwei Tage.

noch etwa fünfzig Meilen vor uns, bis wir den Gascoyne River und damit die Zivilisation erreichten.

Am folgenden Tag fühlten wir uns unfähig, unseren Marsch fortzusetzen. Wir lagerten den ganzen Tag und freuten uns an unserem Überfluß an Wasser und den knapper bemessenen Beeren und Schalentieren. Ich blieb den ganzen Tag hindurch rastlos und unruhig, denn ich wußte, daß wir mindestens noch fünf oder sechs Tagesmärsche vor uns hatten, und mir war klar, daß wir in unserem gegenwärtigen Zustand schneller als zuvor ermüdeten. Ich schätzte den Weg doppelt so lang wie vermutet. Je früher wir aufbrechen würden, desto größer unsere Erfolgschancen. Sehr früh am Morgen des nächsten Tages machten wir uns auf den Weg, und bereits am Ende des ersten Tages wußte ich, daß uns Probleme und Enttäuschungen erwarteten. Die ständigen Entbehrungen forderten ihren Tribut. Uns gelangen kaum mehr als fünf Meilen am Tag, die Hälfte dessen, was wir zu Beginn noch angenommen hatten.

Nach fünf Tagen hatten wir gerade den 24. geographischen Breitenkreis überschritten, und unser Wasservorrat reichte noch zwei Tage. Ohne weiter ins Inland hinein zu gehen, fanden wir keine eßbaren Beeren und Pflanzen mehr, doch dadurch entfernten wir uns so sehr vom Ozean, daß wir ihn nicht mehr sehen konnten und verloren so unsere einzige Bezugsgröße. Wir waren dreißig Meilen gegangen und hatten noch ebensoviele vor uns. Kurz vor Sonnenuntergang sahen wir in einiger Entfernung einen einladenden Fluß, der sich durch das Land bis hinunter zum Ozean wand. Zum Teil lag er hinter Dünen und Büschen verborgen. Das mußte der Fluß sein, der uns zu einer Ansiedlung führte, damit in die Zivilisation und somit zu unserer Rettung. Diese Vorstellung verlieh uns neue Kräfte, und wir schleppten uns noch ein paar Stunden weiter, bis wir das erreichten, was wie die Mündung eines Flusses aussah [Punkt G]. Überall lagen große Haufen von Muscheln und Skelette von, wie es schien, wilden Hunden. Doch unglücklicherweise gab es hier keinen Fluß. Offensichtlich handelte es sich bei dem, was wir gesehen hatten, um nichts weiter, als um einen schmalen Meeresarm, der die ansonsten gerade verlaufende Küste unterbrach. Unsere überschwenglichen Hoffnungen verschwanden schnell wieder, und wir wateten durch das schlammige, salzige Marsch zur Südseite, um uns den Umweg und damit die Anstrengung der Umwanderung zu sparen. Die Bucht war etwa eine halbe Meile lang und nur ein paar hundert Meter breit.

Wie es uns gelang, am nächsten Tag, dem 16. November, auf die Beine zu kommen, weiß ich nicht. Aber wir schafften es, und am Nachmittag passierten wir Cape Cuvier. Wir waren halbverhungert, von der Sonne völlig verbrannt, hatten nur noch eine letzte Flasche Wasser, waren wund, verletzt, blutig und voller Verzweiflung. Ich wollte weitergehen. Verfügte über den Willen und die Kraft, denn ich wußte, der Gascoyne River konnte nicht mehr als zwanzig oder fünfundzwanzig Meilen entfernt sein – zwei gute Tage, schlimmstenfalls drei.

Aber nur Costa und Bucić teilten meine Gefühle. Tatsächlich drohte sich am Abend eine Meuterei zu entwickeln, als sieben Besatzungsmitglieder erklärten, sie seien nicht länger bereit, nach Süden zu gehen. Sie waren unsicher über die noch zurückzulegende Entfernung, denn wir waren schon viel länger unterwegs als ursprünglich geplant. Wegen ihres Durstes und ihrer Leiden sehnten sie sich nach der freundlichen Umgebung des Brunnens und des Lagers bei Cape Farquhar [Punkte E und F].

Costa stellte ihnen frei, zu tun und zu lassen, was sie wollten. Sie könnten zurückgehen, ohne ein Wort von ihm zu fürchten. Er jedoch fühle die Pflicht, weiter nach Süden zu marschieren, um uns an den möglichen Ort der Rettung zu führen.

Nach dem Austausch der besten Wünsche, die zum großen Teil nur den Schmerz über die traurige Trennung übertünchten, machten Costa, Bucić und ich uns auf den Weg. Kaum waren wir außer Sicht von unseren Schiffskameraden, als Costa rief: »Ich kann sie nicht zurücklassen! Wir müssen zusammenbleiben und entweder alle überleben oder alle umkommen.« Sofort drehten wir um und hasteten zu unseren Freunden zurück [Punkt H].

Ich gestehe, daß ich über diese Entwicklung geteilte Gefühle hatte. Auf der einen Seite hatte ich enormen Respekt und empfand große Zuneigung für Costa und hätte niemals seine Entscheidung in Frage gestellt oder ihr widersprochen. Aber ich war enttäuscht, daß er aufgab, als unsere Rettung so dicht bevorstand.* Am schlimmsten war jedoch, daß wir jetzt keinen Plan mehr für unsere Rettung hatten – nicht einmal für unser Überleben. Unsere Sorge schien nur noch dem Augenblick zu gelten – Wasser, Essen, Unterkunft von einem Tag auf den anderen. Es schien, als hätten wir unsere Rettung aufgegeben. Glücklicherweise fanden wir einen glatten geraden Inlandpfad, der den Rückweg nicht nur erheblich verkürzte, sondern auch für unsere Füße viel angenehmer war als die Küste. Wir hatten das zusätzliche Glück, unterwegs saftige, nahrhafte Beeren zu finden.

* Wäre die Gruppe weiter bis zum Gascoyne River gegangen, der in der Tat, wie Baccić vermutete, nur noch zwanzig Meilen entfernt lag, so hätte das nicht ihre unmittelbare Rettung bedeutet, denn 1875 gab es an der Flußmündung keine ständige Siedlung. Wahrscheinlich hätten sie in dieser Jahreszeit großes Glück gehabt, wenn sie auch nur ein paar Pfützen in dem ansonsten trockenen Flußbett einer Schlucht vorgefunden hätten. Andererseits jedoch wäre es ihnen sicher irgendwann gelungen, mit einem Schiff Kontakt aufzunehmen, das sich von Norden her der riesigen Shark Bay näherte, denn dort wurde ausgiebig nach Perlen getaucht.

Die Höhle des Todes

Wir erreichten Cape Farquhar etwa fünf oder sechs Tage später und lagerten in der kühlen großen Höhle in der Nähes des Strandes, wo Costa und ich die Nacht verbracht hatten, als wir sie mit vier anderen zwei Wochen zuvor entdeckt hatten.

Ich war glücklich und erholte mich gut während der zehn Tage, die wir an diesem ungewöhnlichen Ort verbrachten. Dennoch mußte ich immer daran denken, daß unsere Rettung hier äußerst unwahrscheinlich wäre. Ich meinte, wir sollten zumindest so viel Holz sammeln und aufschichten, um ein Signalfeuer zu entzünden, sollte einmal ein Schiff in Sicht kommen. Doch bevor ich den Vorschlag machen konnte, mußten wir unseren Garten verlassen, denn wir hatten seinen kleinen Vorrat an Weichtieren und Krabben am Strand und von Beeren und Samen im Landesinneren völlig erschöpft. Wir beschlossen also, drei Meilen nach Norden zu der kleinen Oase zu ziehen [Punkt F], wo uns der vermißte Perancić zum ersten Mal begegnet war.

Die Nahrungsvorräte dort waren in der Tat besser. Wir entdeckten eine sehr nahrhafte Bohne, die an einer schmalen Kletterpflanze wuchs. Sie war gelblich und ähnelte entfernt der europäischen roten Bohne.* Aber für ihre richtige Zube-

* Wahrscheinlich die Canavalia

reitung benötigten wir ein Feuer. Jeder Versuch in diese Richtung schlug fehl, obwohl wir die Eingeborenen zu imitieren versuchten und uns genau derselben Materialien bedienten, die bei ihnen so schnell Erfolg gezeigt hatten.

Wir hatten einige Körner Schießpulver aufbewahrt, um ein Feuer zu entzünden, aber zunächst mußten wir einen Funken schlagen. Wir verfügten noch über eine Klinge aus einem der Hobel, die wir vom Schiffbruch rettet konnten. Das brachte Perancić auf die Idee eines Feuersteins, der auf Stahl geschlagen einen Funken erzeugte. Allerdings wußten wir nicht, wo wir einen finden sollten. Schließlich entdeckten wir einen kleinen und einem Feuerstein ähnlichen Stein, und Perancić begann, unbeachtet von den anderen und ohne große Hoffnung auf Erfolg, den Stahl am Stein zu reiben. Plötzlich gab es einen Blitz, gefolgt von einer kleinen Explosion. Ein Funke hatte das Schießpulver getroffen, und eine kleine Flamme züngelte hell. Wir waren hocherfreut, und einige liefen um weitere Zweige und Brennholz. Wieder andere gingen Bohnen und Wasser holen.

Es war unser erstes warmes Mahl in diesem Monat. Als es fertig war, schaufelte sich Perancić so viel in den Mund, wie er konnte. Mir schien, er wollte alles in sich hineinstopfen. »Armer Kerl«, dachte ich, »er ist meistens so ruhig und still. Wir müssen für seinen ausgehungerten Zustand Verständnis haben.« Ein paar Stunden nach dem Essen bekamen wir alle starke Bauchschmerzen, aber zu diesem Zeitpunkt schien niemand eine Verbindung zwischen den Bohnen und der Krankheit herzustellen. Wenn wir nur da schon gewußt hätten, was wir später von den Aborigines lernten! Wegen ihrer hohen Nährkraft sollten diese Bohnen nur in sehr kleinen Mengen gegessen werden und nur, nachdem sie einige Tage lang in heißem Sand gebacken worden waren und dann zwei oder mehr Tage in Wasser quellen konnten. Erst dann konnten sie gekocht werden. Es gab viele Dinge, von denen wir »zivilisierten« Männer nichts verstanden.

Täglich fischten wir. Ich genoß dies sehr und freute mich auf den kurzen Weg vom Brunnen zum Meer, wo ich fast den ganzen Tag verbrachte. An einem Tag entdeckte ich einen relativ großen Fisch, der von der Ebbe in einem Tümpel vom Meer abgeschnitten worden war. Ich war so versessen darauf, ihn zu fangen, daß ich unvorsichtigerweise ins Wasser langte und ihn greifen wollte. Sofort biß der Fisch mir in die Hand und schlug mir eine häßliche tiefe Wunde. Nur unter größten Schwierigkeiten konnte ich meine Hand befreien. Die Wunde war schmerzhaft und heilte nur langsam. Mein Leben lang behielt ich eine Narbe. Während der gesamten folgenden Woche mußte ich mich behutsam und regelmäßig um meine Hand kümmern. Weil ich nicht mehr fischen konnte und auch keine Anstrengungen vertrug, ging ich nach Süden und in den kühlen Schatten unseres ersten Unterschlupfs [Punkt E]. Am nächsten Tag traf Vulović in der Höhle ein und gesellte sich zu mir. Er hatte sich den Fuß an scharfkantigen Felsen aufgeschnitten, als er Schalentiere sammelte. Als ich mich genügend erholt hatte, um wieder zur Gruppe zurückzukehren, ließ ich Vulović in der Höhle allein.

Das größte Unglück dieser frühen Tage, die wir an den beiden Wasserstellen verbrachten, war der offensichtliche Verfall Perancićs. Es begann mit dem Tag, als er versuchte, das ganze Essen zu verschlingen. Von da an benahm er sich, als sei er in Trance. Er schien kein Gefühl mehr für seine Kameraden zu haben, schien keinen Gedanken an sie zu verschwenden. Versteckte sich allein den ganzen Tag im Busch und lächelte immerzu. Nervös hastete er von einem Punkt zum anderen, ging manchmal sogar rückwärts und sprach kein einziges Wort.

Wir ließen ihn tun, was er wollte, und verloren kein Wort über sein merkwürdiges Benehmen, weder ihm gegenüber noch unter uns. Aber es war uns trotz unseres Schweigens klar, daß er den Verstand verloren hatte.

Zu unserem Unglück verschlechterte sich das Wetter. Es war die Orkan- oder Wirbelsturmzeit für diese Breiten, und wir erlebten bald schon das volle Ausmaß eines tropischen Sturms. Anders als Wirbelstürme in der nördlichen Hemisphäre, die sich gegen den Uhrzeigersinn drehen, sich vom Äquator aus nach Norden bewegen und schließlich nach Osten abdriften, bewegten sich diese Zyklone vom Äquator aus nach Süden und anschließend gewöhnlich nach Westen. Ihnen gingen starke, heiße und trockene Winde voraus. Am 21. Dezember hatten wir das Vorspiel zu einem solchen Sturm. Obwohl es nicht regnete, war die Flut viel höher als sonst, und eine ungewöhnlich starke Dünung brach sich wütend am Riff vor der Küste, und die Wasser am gewöhnlich ruhigen Ufer schwollen sehr hoch an. Die Meereskreaturen mußten gewußt haben, was geschehen würde. Sie waren alle verschwunden – hatten sich in tiefere Gewässer verzogen, vermutete ich. Gegen Nachmittag war die Windstärke sehr viel höher, und obwohl es immer noch nicht regnete, standen tiefe Wolken am Himmel.

Ich weiß nicht, warum wir so lange warteten, bis wir uns auf den Sturm vorbereiteten. Die Wirkung war verheerend, als es am Ende des Tages regnete. Der sturmgepeitschte Regen machte uns blind und stach uns in die Haut. Es war eiskalt, und zu spät wurde uns klar, daß wir eine festere Unterkunft brauchten, wollten wir die Nacht überleben. Alle schrien einander zu: »Zur alten Höhle!« Wir waren überhaupt nicht sicher, ob wir es schaffen würden, obwohl sie nur drei Meilen entfernt lag.

Wir hatten uns so sehr daran gewöhnt, nicht genug Wasser zu haben, daß es jetzt seltsam war, von so viel auf einmal mißhandelt zu werden. Vielleicht erklärt das unsere Fahrlässigkeit. Als wir dann im Regen standen, erlaubte es der Wind nicht, sich aufrecht zu halten. Wir krochen oder zogen uns über das durchweichte Land. Große Sträucher, Äste und andere Trümmer wurden durch die Gegend gewirbelt, während wir uns in südlicher Richtung zu bewegen versuchten. Wir mußten uns vor den strafenden Schlägen des heranpeitschenden Schutts schützen so gut es ging.

Alle paar Sekunden blendeten mich grelle Blitze. Als sich meine Augen wieder an das Licht gewöhnt hatten, sah ich, daß unsere Gruppe sich verlor. Einige hielten sich im Schutz, den ihnen ein Strauch oder ein Felsen bot, egal wie klein er war. Andere drängten weiter nach vorne. Unsere Rufe zu einander erschienen eher wie Flüstern in dem wütenden Unwetter.

Ungefähr gegen Mitternacht erreichten Jurić und Dediol die Höhle. Ihre Erleichterung dauerte nicht lange. Stunden vergingen, und kein weiterer Kamerad traf ein. Darüber hinaus war Vulović, der in der Höhle sein mußte, um sich dort zu erholen, nicht da. Sie ruhten kaum, und bei Tagesanbruch wagten sie sich aus der Höhle, denn der Sturm schien vorüber zu sein. Es hatte aufgehört zu regnen, und direkt über ihnen war der Himmel klar. Bäume, Sträucher, Stämme, selbst große Steinblöcke und Korallenteile lagen überall herum. Dem Meeresboden entrissener Seetang türmte sich am Strand – ansonsten gab es kein Anzeichen für irgendein anderes Lebewesen. Der Wind hatte die Blätter von jedem Busch und Baum gerissen. Die nackten Zweige waren mit Salzspreu überzogen, der zu glitzern begann, als die Sonne ihn trocknete. Nachdem die beiden Männer eine kurze vergebliche Suche an der Küste unternommen hatten, bewölkte sich der Himmel wieder.* Nach dem zweiten Sturm sahen sie zwei bemitleidenswerte Wesen, die sich zu ihnen vorkämpften, als sie vor die Höhle traten. Costa und ich hatten überlebt. Bei Anbruch der Nacht, nachdem sie einzeln oder zu zweit angekommen waren, zählten wir zusammen acht Personen in der Höhle. Von Perancić und Vulović – der eine irr und der andere lahm – fehlte noch immer jede Spur.

Dies war wahrscheinlich der schlimmste Tag meines Lebens. Mir war kalt, ich war naß, hatte Hunger und Durst. Meine verwundete Hand schmerzte bis hinauf in die Schulter. Zwei Freunde wurden vermißt. Ich war verzweifelt.

Von all diesem Unglück überwältigt, suchte ich mir eine entlegene Ecke der Höhle in der Hoffnung, daß mir meine gedämpften Schluchzer und Seufzer den inneren Halt geben würden, nach dem es mich verlangte. In einem solchen Zustand von Entbehrung ist es erstaunlich, wie wenig man braucht, um sich zu erleichtern. Erst ein Funke, dann erleuchtete eine kleine Flamme die Höhle. Antoncić hatte den Feuerstein und das Eisen sicher durch das Unwetter gebracht und in all der uns umgebenden Nässe auf wunderbare Weise ein kleines Feuer entzündet. Wie gut die schattigen Gesichter meiner Freunde nach all der Dunkelheit taten! Eines – das mir bekannteste – kam näher. Costa bückte sich, faßte mich bei der

* Diese Beschreibung läßt vermuten, daß das Zentrum des Sturms genau in diesem Moment über sie hinwegzog. Wenn das Zentrum vorüber ist, kehrt die Macht des Wirbelsturms zurück, jedoch nicht mit derselben Kraft, die man vor dem Zentrum spürt. Der Durchmesser eines solchen Sturmzentrums kann mehrere Meilen betragen. Man kann dieses Phänomen heute sehr gut in Aufnahmen von Wettersatelitten beobachten, dann gibt es oft für mehrere Stunden einen klaren Himmel ohne Regen und viel geringerer Windgeschwindigkeit.

Schulter und lächelte mir zu. »Fröhliche Weihnachten, Miho«, sagte er.*

Am folgenden Tag verließen Jurić, Dediol und ich sehr früh die Höhle, um nach Perancić und Vulović zu suchen. Es war ein heller wunderschöner Morgen – klar, trocken und kühl. Wir wußten, wir hatten nur wenig Zeit für die Suche, denn alle waren übereingekommen, ins Landesinnere zu gehen, um nach Nahrung zu suchen. Das Unwetter hatte entlang der Küste alles Leben zerstört, und wir wußten nicht, wann wir von der See wieder Eßbares zu erwarten hatten. Wir waren noch keine hundert Meter von der Höhle entfernt, als wir die traurige Neuigkeit gewahrten, die wir befürchteten. Der arme Perancić war, geistig umnachtet, nur einige Minuten von unserer Hilfe entfernt, auf seinem Weg zusammengebrochen. Er war allein gestorben. Sein armer wassertriefender Körper lag halb auf Sand, halb auf Gras wie Treibgut, umgeben von Ästen und Gesträuch. Wir sagten kein Wort und deuteten den anderen, die aus der Höhle kamen, nur mit Gesten, zu uns zu kommen. Bewegungslos und stumm umstanden wir eine Zeitlang seine Leiche, bis Antoncić, sein Freund seit ihrer Kindheit, den Bann brach und begann, direkt neben dem Ort, an dem Perancić gestorben war, ein Grab auszuheben. Diese traurige Aufgabe wurde mit unserer Hilfe beendet, und wir legten ihn behutsam zu seiner letzten Ruhe und sangen Klagelieder, so viele, wie uns erinnerlich waren.

Nur einige Tage später entdeckten wir Vulovićs Leiche. Sie lag so weit von der Höhle entfernt wie die von Perancić. Er war in eine Felsspalte gefallen, und sein Körper war bereits am

* Am 14. Januar 1876 berichtete die *West Australian Times*, daß mindestens vier Schiffe und neunundfünfzig Leben in der Gegend um den Golf von Exmouth verlorengingen, als dort am 24. und 25. Dezember ein gewaltiger Wirbelsturm tobte, bevor er nach Süden abdrehte.

Verwesen. Es war der Geruch, der uns zu ihm geführt hatte. Wieder gruben wir mit den Händen ein Grab, und zum dritten Mal betteten wir einen Bruder in seine letzte Ruhestätte.

Während der nächsten dreißig Tage erlebte ich, wie sechs weitere meiner Kameraden in derselben Gegend starben [Punkte E und F in der Nähe von Cape Farquhar]. Wir taten fast nichts, sondern erwarteten nur noch den Tod ohne jede Hoffnung auf Rettung. Wir beschäftigten uns nur noch damit, nach dem immer seltener werdenden Essen zu suchen.

Der einzige Versuch, den wir unternahmen, um unser Los zu verbessern, schlug fehl. Wenige Tage nach dem Unwetter beschloß Lovrinović, zu unserer ersten Lagerstätte zurückzumarschieren, denn dort hatten wir Essensvorräte vergraben. Außer Brajević fand sich niemand, der ihn begleiten wollte. Der Weg war lang – vielleicht siebzig oder achtzig Meilen – sieben bis zehn Tage Fußmarsch. Die beiden nahmen soviel Wasser mit, wie sie tragen konnten, eine kleine Ration wilder Bohnen und ein wenig von unserem letzten Mehl. Nach drei Tagen waren sie wieder zurück. Wegen Hunger und Schwäche hatten sie den Marsch aufgegeben. Inzwischen waren wir uns sicher, daß uns nichts anderes blieb, als auf eine wunderbare, unerwartete Rettung zu warten oder auf den Tod.

In der folgenden Woche taten wir immer weniger. Zwei oder drei bewegten sich überhaupt nicht mehr. Unser Bewegungsradius war mittlerweile auf die Entfernung zwischen der Wasserstelle in der Nähe des Strandes [Punkt F] und unserer Höhle und dem Brunnen geschrumpft [Punkt E] – etwa drei Meilen. Glücklicherweise hatten wir in der Nähe der Wasserstelle eine weitere Höhle entdeckt. Sie lag weniger als sechzig Meter vom Meer an der Seite einer Klippe unter der Anhöhe und hatte vielleicht anderthalb Quadratmeter Grundfläche. Jetzt verfügten wir an beiden Orten über guten Schutz.

Mein engster Freund Costa war der nächste, der von uns ging. Da er für mich wie ein Bruder, vielleicht wie ein Vater war, ist es sehr schwer, seine letzten Tage zu beschreiben. Es muß jedoch angemerkt werden, wie sehr wir ihn alle liebten und respektierten. Er hatte nie die Autorität mißbraucht, die er über uns hatte, gleichzeitig drückte er sich kein einziges Mal vor der Verantwortung, wenn sie von ihm gefordert wurde. Er akzeptierte sie und erfüllte seine Pflichten mit Anstand und Selbstaufopferung. Im Alter von nur vierundzwanzig Jahren handelte er wie ein Patriarch, der dreimal so alt und weise war. Unsere Verehrung für ihn zeigte sich an der Diskussion, die wir darüber führten, was man tun müsse, um ihn zu retten.

Obwohl der Anblick unseres angeschlagenen Führers unsere kleine Gruppe weiter entmutigte, bot Lovrinović, der kürzlich bei dem Versuch, zu unserer ersten Lagerstätte zurückzukehren, gescheitert war, wieder an, den Marsch zu unternehmen und Essen und Wein von dort zu bergen. Diesmal ging er für Costa, und er schwor, er würde nicht scheitern. Brajević, sein Begleiter bei dem ersten Versuch, stellte sich wieder zur Verfügung, mit ihm zu gehen. Am 5. Januar 1876 machten sie sich auf den Weg und taten das einzige, was Costa möglicherweise helfen würde, und sei es nur darum, daß sie ihm so ihre Liebe zeigten. Natürlich war ihnen klar, daß sie für einen Freund das eigene Leben riskierten.

Ob es ihr uneigennütziges Motiv oder ein Geschenk der Vorsehung war, diese beiden schafften den Marsch, der beim ersten Mal fehlgeschlagen war. Sie entdeckten einen gut ausgetretenen Pfad, der die Strecke nicht nur verkürzte, sondern auch schnelleres Vorankommen gestattete. Sie waren so schnell wieder bei uns, daß wir es kaum glauben konnten. Aber sie kehrten mit leeren Händen und enttäuscht zurück. Alle Fässer und Kisten befanden sich noch dort, wo wir sie vergraben hatten, aber sie waren völlig leer. Die Eingeborenen mußten unseren Schatz gefunden und sich bedient haben.

Jetzt blieb Costas einzige Hoffnung ein Wunder – die Sichtung eines Schiffs oder das Erscheinen unserer schwarzen Schutzengel. Aber es sollte nicht sein. Für kurze Zeiträume verlor er das Bewußtsein, und erlangte er es wieder, versuchte er, etwas zu uns zu sagen. Aber es gelang ihm nicht mehr, er war nicht einmal fähig, die wenigen Tropfen Wasser zu schlucken, die wir ihm aufhoben. Seine Stimme klang ausgedörrt und schwach: »Gib mir … gib mir Essen.« Glücklicherweise hatten Dediol und ich ein paar Beeren, die wir ihm sofort anboten. Mit einer gebrechlichen Geste versuchte er, sie sich in den Mund zu stecken, aber es gelang ihm nicht. Er verschmierte sie lediglich auf Mund und Kinn, ganz so, als versuche er sich für den Tod zu salben. Ich hatte den Sakramenten der letzten Ölung zu Hause beigewohnt und die Szenen nicht vergessen.

Als er sich mit letzter Kraft noch einmal aufrichtete, sprach er deutlich und direkt zu mir: »In einigen Sekunden, Miho, werde ich bei Gott sein und für euch alle beten, meine lieben Freunde.« Bewußtlos fiel er wieder zurück.

Noch vor Tagesanbruch des 13. Januar weckte uns Lovrinović mit ziemlich lauten Schreien, die ich für die Ankündigung von Costas Tod hielt. Aber Lovrinović hatte gerade festgestellt, daß er seine Sehkraft im linken Auge völlig verloren hatte. Er hatte sich in der Nacht des Schiffbruchs eine Verletzung zugezogen. Da ich wach war, ging ich langsam zu Costa hinüber, um zu fragen, wie er sich fühlte. Seine glasigen himmelwärts gerichteten Augen und die Ruhe seines Körpers beantworteten meine Frage. Der mit seinem Schiff verunglückte Offizier hatte endlich einen friedlichen Hafen erreicht. »Er ist tot! Er ist tot!« schluchzte ich. Die anderen umringten sofort ihren verstorbenen Anführer und küßten ihm einer nach dem anderen die Hand. So gut wir konnten, hielten wir das Totenamt.

Und so gruben wir zum vierten Mal mit nichts als unseren Händen ein Grab, als die Morgendämmerung das Land erhellte. Diesmal nicht weiter als drei Meter von der Höhle, die unser Heim gewesen war. Wir legten ihn in den wenigen Fetzen, die seinen geschundenen Körper noch bedeckten, zur Ruhe, nachdem wir ihn in einen Teil des kostbaren Lakens gewickelt hatten, das er selbst am ersten Tag an Land – vor fast drei Monaten – genäht hatte.

Einige Tage später, am 17. Januar, trafen wir ein drittes Mal mit den Aborigines zusammen. Für uns, mit Ausnahme von zweien unserer Gruppe, war das das letzte Treffen dieser Art. Es blieb mir aber noch aus einem anderen Grund im Gedächtnis. Diesmal schienen die Eingeborenen über unser Wohlergehen weniger besorgt. Wir grüßten sie überschwenglich, aber sie schienen, obwohl sie freundlich waren, zu sehr damit beschäftigt, nach Süden zu kommen, und drängten sogleich weiter.

Während dieses Treffens verlor ich fast mein wertvolles Hemd und meine Hose an die Eingeborenen. Sie hingen zum Trocknen an einem Strauch, und einer der Männer wollte sie sich nehmen. Ich rannte und bezeichnete ihm durch Gesten, wie wichtig diese unbezahlbaren Lumpen für mich waren. Umgehend gab er sie mit einem breiten Grinsen zurück, behielt für sich allerdings einen Löffel und ein Stück Kordel, die er in einer der Taschen gefunden hatte. Ein anderer hatte unsere Höhle betreten und war mit unserem wichtigsten Besitz geflohen – dem Feuerstein zum Entzünden unseres Feuers!

Die Eingeborenen verbrachten die beiden nächsten Tage in der Nähe der Brunnen und machten sich dann wieder auf ihren Marsch nach Süden. Drei von uns, Antoncić, Lovrinović und

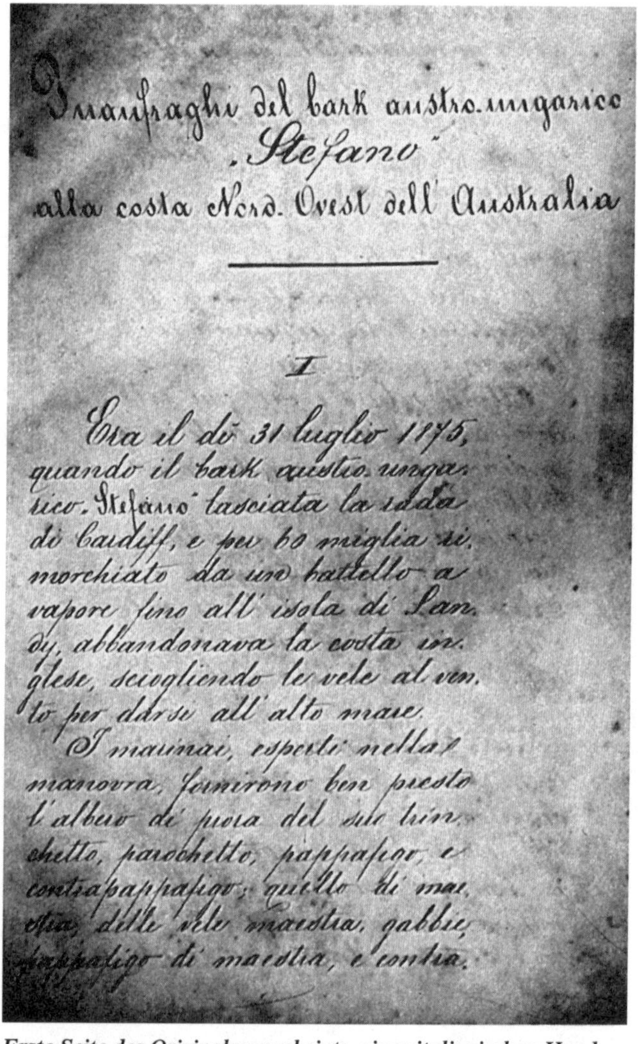
I naufraghi del bark austro-ungarico
„Stefano"
alla costa Nord-Ovest dell'Australia

I

Era il dì 31 luglio 1875,
quando il bark austro-unga-
rico „Stefano" lasciata la rada
di Cardiff, e per 60 miglia ri-
morchiato da un battello a
vapore fino all'isola di San-
dy, abbandonava la costa in-
glese, sciogliendo le vele al ven-
to per darsi all'alto mare.
I marinai, esperti nella
manovra, fornirono ben presto
l'albero di prora del suo trin-
chetto, parochetto, pappafigo, e
contrapappafigo; quello di mae-
stra, delle vele maestra, gabbie,
pappafigo di maestra, e contra-

Erste Seite des Originalmanuskripts, einer italienischen Handschrift von Stjepan Skurla, S. J., 1876, Dubrovnik, Kroatien.

Brajević, hatten in der Hoffnung, Nahrung zu erhalten, die Nacht mit ihnen an dem Brunnen verbracht. Plötzlich bekamen sie starke Krämpfe, und als die Eingeborenen gingen, konnten sie nicht zu uns zurück. Mehrere Tage lang gingen wir die kurze Strecke von weniger als einer Meile von der Höhle zu dem Brunnen, um uns um sie zu kümmern. Bei jedem Besuch fanden wir sie schwächer vor. Ihr Lebenswille hatte sie gänzlich verlassen, und sie verfügten über nahezu keine Körperkraft mehr. Wir besuchten sie seltener. Inzwischen waren Dediol und Bucić ebenfalls erkrankt, und nur noch Jurić und ich konnten uns bewegen. Da wir jünger und kräftiger waren, verfügten wir über größere Reserven und fühlten uns für die anderen verantwortlich. Allerdings beschränkte sich die Hilfe auf die Versorgung der fünf Hilflosen mit dem absolut Lebensnotwendigen: Wasser und ein wenig Essen.

Jurić und ich sahen uns drei großen Aufgaben gegenübergestellt: erstens mußten wir eine Entfernung von einer dreiviertel Meile bis zu dem Brunnen zurücklegen, wo Lovrinović, Antoncić und Brajević hilflos lagen. Zweitens mußten wir, da uns der Feuerstein gestohlen worden war, das Feuer in der Nähe der Höhle ständig unterhalten. Schließlich wurde uns die tägliche Nahrungssuche zur erheblichen Bürde.

Ich fürchtete, daß unter diesen Umständen keiner von uns mehr lange zu leben hatte. Allerdings dachte ich auch, daß unsere Aufgabe mit dem langsamen Tod unserer Schiffskameraden, die weniger Glück hatten als wir, leichter werden würde. An einem Abend fand ich Lovrinović am Brunnen liegend, er murmelte nur noch Unzusammenhängendes. Er konnte mir schließlich verständlich machen, daß er seinen alten Kameraden Jurić noch einmal sehen wollte, bevor er starb. Also hastete ich, wie ein halbverhungerter Junge eben laufen kann, zurück zur Höhle und überbrachte Lovrinovićs letzte Nachricht. Bis zum nächsten Morgen war Jurić nicht fähig, zu Lovrinović zu gehen. Als er ankam, war der erschöpfte Mann bereits gestorben. Es war so tragisch, daß er allein gestorben und sein einfacher letzter Wunsch unerfüllt geblieben war.

Zwei Tage später, am 23. Januar, als wir uns von diesem Schock erholt hatten, fand ich Brajevićs leblosen Körper auf dem Pfad vom Brunnen zum Strand. Offensichtlich war er bei dem Versuch gestorben, sich zur Höhle zurückzukämpfen, um bei Jurić und mir zu sein. Am selben Abend, als Jurić sich wieder auf den Weg zu dem Brunnen machte, um dort Wasser zu holen, fand er unseren letzten Kameraden, der kaum noch atmend dort lag. Es blieb nur noch die Zeit, einen erkennenden letzten Blick auszutauschen, bevor auch Antoncić starb. Über diesen Ansturm des Todes entsetzt, der in den letzten drei Tagen drei Leben gefordert hatte, rannte Jurić zurück zum Strand, nachdem er zuvor noch einen langen wollenen Schal von Antoncićs Leiche wickelte. Die arme Seele hatte ihn derart gehütet, daß nur der Tod ihn von ihm trennen konnte.

Erst am nächsten Morgen brachten Jurić und ich den Willen und die Kraft auf, unsere Freunde zu begraben. Dann kehrten wir zur Höhle zurück und taten unser Bestes, um uns um Bucić und Dediol zu kümmern. Unser Wunsch, sie durchzubringen, ist nicht schwer zu erklären und zu verstehen. Uns ängstigte der Gedanke, ganz allein zurückzubleiben. Wir wollten nicht, daß noch jemand starb. Unsere Aufgabe war jetzt leichter geworden, denn wir waren alle vier in der Höhle zusammen. Da wir nun weniger Münder zu füttern hatten und geringere Entfernungen zurücklegen mußten, konnten wir vielleicht unsere Suche nach Essen verbessern und öfter losgehen, um etwas zu finden, und langsam wieder Kräfte sammeln, um zu versuchen, dorthin zu marschieren, wo wir gerettet werden oder zumindest leichter an Nahrung und Wasser kommen könnten. Diese Möglichkeit kam für Bucić zu spät, er tat seinen letzten Atemzug am nächsten Tag. Jetzt waren wir nur noch drei – vor nur einem Monat waren wir noch zehn!

Mir wurde klar, daß meine Hauptsorge meinem eigenen Überleben gelten mußte. Jurić und ich konnten uns immer noch bewegen, aber wir wurden zusehends schwächer. Wir mußten Dediol leider aufgeben. Er konnte sich fast nicht mehr bewegen, und obwohl er noch ohne Probleme sprach, war er für uns eigentlich tot. Wir gaben ihm noch ein paar Tage. Ich machte bereits Pläne für mein Überleben und wußte, daß ich es schaffen konnte, denn ich mußte mich nicht länger um die anderen sorgen. Jurić konnte sich ebenso um sich selbst kümmern; er konnte mitkommen oder bleiben. Ich fühlte mich unter diesen Umständen frei zu tun, was ich wollte.

Ich vermutete, daß Jurić ähnlich dachte. Trotz dieses Hoffnungsschimmers, der noch immer tief in mir verborgen lag, wurde ich mit dem Dunkelwerden von einem grauenvollen Gefühl der Verzweiflung überwältigt. Dieses Gefühl wurde von den stärksten Hunger- und Durstschmerzen begleitet, die ich bislang erlitten hatte. Jurić und ich saßen mit Dediol in der Höhle, der neben dem kleinen Feuer lag. Stundenlang saßen wir einfach da. Kein Wort, kein Ton kam uns von den Lippen. Keine Träne stieg uns in die Augen. Es war, als hätte uns das Entsetzen versteinert. Ich wünschte, mein Hirn wäre ebenso taub wie mein Körper gewesen, denn meine Gedanken kamen mir jetzt noch schmerzlicher als meine Glieder und mein leerer Magen vor. Warum sollte ich so jung und so weit von meinem Zuhause sterben? Warum sollte meine Mutter ein solches Maß an Trauer erfahren? Wie vermißte ich meine Brüder und Schwestern! Warum hatte ich ihnen meine Liebe nicht mehr gezeigt? Ich war doch noch zu jung dafür, daß es jetzt schon zu spät sein sollte! Jurić mußte dieselbe innere Verzweiflung durchmachen, so wie er gegen die Felsen gelehnt dasaß.

Nach einer Nacht mit verheerender Angst und Halluzinationen, die ich für Träume hielt, begann es zu tagen. Ich war froh, noch zu leben, aber zum ersten Mal befürchtete ich, nur noch wenige Momente vom Tod entfernt zu sein. Als das erste Licht in die Höhle fiel, sah ich als erstes Bucićs Körper. Immer noch unbegraben schien die Leiche mit glasigen Augen in eine andere Welt zu stieren und dann voller Mitleid auf mich. Jurić saß auf der anderen Seite, und seine Augen fixierten Bucić wie die meinen. Plötzlich – unerklärlich wild – fielen wir über die Leiche her, um sie zu fressen!

Dediol, der immer noch atmete, bemerkte unsere Wut – die Wahrheit und das Entsetzen darüber fuhren in seine Gedanken wie ein Lichtstrahl. Er versuchte seinen Kopf zu heben und drehte sich uns zu, und er zischte seinen furchtbaren Fluch mehr, als daß er ihn aussprach: »Möge Gott eure Seelen verfluchen!« Dann sank er tot um.

Sein Fluch, begleitet von seinem Tod, traf mich wie ein einschlagender Blitz. Reue und Schande befielen mich. Es schien Jurić in derselben Weise zuzusetzen, denn beide fielen wir zitternd und weinend auf den Boden, bis wir schließlich wieder die Kontrolle über uns gewannen. Den ganzen Tag über taten wir nichts – weder tranken noch aßen wir. Bucićs Leiche war immer noch nicht begraben, und der Gestank war jetzt unerträglich. Mir wurde bewußt, daß ich die schwerste Sünde begangen hätte – Kannibalismus. Dennoch ängstigte mich der Gedanke an die Hölle nicht, in der ich mich sicher in einigen Tagen befinden würde, wenn ich starb. Wie konnte die Hölle schlimmer als das hier sein? Ich erinnere mich genau daran, wie mir bewußt wurde, daß ich selbst der einzige Kannibale war, dem ich bisher begegnet bin.

Wenn Jurić und ich genug Wasser besorgen könnten, würden wir vielleicht noch einen Tag leben. Er litt stärker als ich und konnte kaum aufstehen. Als ich mich erhob, bat er mich zum Brunnen zu gehen und Wasser zu holen. Ich willigte schließlich ein, jedoch nur unter der Bedingung, daß er mich den letzten Schluck haben ließ, den wir noch in der Wasserkanne hatten. Er stimmte zu. Ich hatte gerade den allerletzten Tropfen getrunken, als ich auch schon verkündete, während ich mich auf den Boden fallen ließ, daß ich mich keinen Schritt mehr bewegen könne und wolle. Durch meine schamlose Verlogenheit rasend geworden, fand er genug Kraft, sich auf mich zu stürzen und mit wütenden Schlägen zu bestrafen. Aber als wir aufeinanderprallten, ließen unsere Kräfte nach, und wir rangen miteinander, bis wir die Höhle verließen und zum Strand gelangten. Dort kämpften wir noch ein wenig und hielten uns dann einfach aneinander fest. Wir fielen zu Boden und jeder hoffte, einen Vorteil zu erringen, indem er den anderen in eine Kopf- oder Beinzange nehmen könnte. Den ganzen Tag lagen wir ineinander verkrallt auf dem Sand und schlugen mit allen Steinen oder Stöcken, deren wir habhaft werden konnten, aufeinander ein. Gegen Ende des Tages hielten wir uns schließlich in einem Clinch – Arme um Hälse, Beine um Hüften geschlungen, bissen und kratzten wir, wie die Tiere, zu denen wir geworden waren. Erschöpft fielen wir zu Boden und in einen tiefen Schlaf.

Am nächsten Morgen waren wir zu schwach, um uns zu bewegen oder auch nur, um uns voneinander zu befreien. Also blieben wir einfach auf dem Sand liegen, während die Sonne uns beide strafte. Stundenlang lagen wir in der sengenden Hitze, unfähig uns zu bewegen. Nur kurze Zeiträume von Bewußtlosigkeit oder Schlaf brachten Entspannung, und ich hoffte, schnell zu sterben. Aber die Wohltat des Todes blieb uns versagt. Gegen Mittag, die Sonne stand genau über uns, wurde mir wieder klar, daß ich gesündigt hatte. Diesmal durch Verlogenheit und Unehrlichkeit. Ich glaube, ich dachte in diesem Moment an den heiligen Petrus, der an einem Tag dreimal ernstlich gesündigt hatte und dem vergeben worden war. Vielleicht war es dieser Gedanke, der mich erneut das Bewußtsein verlieren und somit Ruhe finden ließ.

Gegen Abend, als ich vollends zu mir kam, betete ich. Ich öffnete meine Augen und sah einen weichen Abendhimmel mit Sternen. Um diese göttliche Vision sah ich einen Kreis von schwarzen Gesichtern. Schöner als die Sterne waren die Augen, die mit mitfühlender Intensität auf uns herunterschauten. Ich – wir – waren von den »gefährlichen Kannibalen« dieses wilden Landes gefunden worden.

* * *

Postskriptum:

Einige Jahre später wurden zwei Berichte über »Die Höhle des Todes« von Viehzuchtpionieren veröffentlicht. Der erste war von R. E. Bush, einem der ersten Siedler am Gascoyne River. Im Jahre 1879 unternahm er eine Entdeckungsreise, die ihn weiter nach Norden führte. Er schrieb in sein Tagebuch (es befindet sich in den staatlichen Archiven in Perth):

Sonntag 16. November 1879: Wieder unterwegs; einen jungen schwarzen Kerl angestellt und fand ein bißchen Wasser in einem Felsen nach etwa fünf Meilen. Landschaft wird ein bißchen besser.

Die schwarzen Kerle haben hier eine Geschichte von einer Menge weißer Leute, die hier vor Jahren schiffbrüchig geworden sind, und zeigten uns, was wie das Grab von einem aussah, der vom Essen von giftigen Beeren gestorben war, die hier wuchsen, und wie seine Kumpel ihn begraben haben. Wir sind dann wieder zum Strand zurück und fanden die Knochen von seinen Kameraden, die, nehme ich an, Angst hatten, den Strand zu verlassen, aus Furcht vor den Schwarzen, und fanden noch das Wrack von einem Boot, das über die Riffe getrieben worden ist. Also haben wir die Knochen so gut wie möglich im Sand begraben, aber konnten von den ausgebleichten und zerlumpten Kleidungsteilen, die zwischen den Knochen lagen, keinen Hinweis finden, wer sie waren. Wir fanden sie in so etwas wie einer Höhle, wohin sie sich vor Hunger und Durst verkrochen hatten, und haben wohl auch nicht damit gerechnet, daß es weiße Hände sein sollen, die ihnen jemals eine Art von (egal wie schlechtem) Begräbnis geben. Die wilden Hunde hatten einige Knochen weggetragen. Wir bedeckten ihr Grab mit einer Menge von feinen Muscheln. Wenn du bloß die fürchterlichen Riffe gesehen hättest, über die sich diese armen Kerle gequält haben müssen, sie waren fürchterlich, die schlimmsten, die ich je gesehen habe.

Der andere Pionier war Thomas Carter, der in der Wandagee-Schafstation angestellt war, als seine Arbeit ihn im Jahre 1889 nach Westen an die Küste führte. Er schrieb in seinem Tagebuch:

In Warroora gab es einen begrenzten Wasservorrat – Sickerwasser in einer Art von Bassin umgeben von Steinen – und das Wasser mußte in einem Eimer zu den Pferden hochgetragen und dort in einen Trog gekippt werden. Also dauerte das Tränken seine Zeit. Brockman hatte dort in einem Jahr eine Schur abgehalten, aber das Laden der Wollballen in der Dünung war so schwierig, daß da keine Boote mehr anlegen wollten. In einer Höhle am Strand waren die Skelette von einigen Mannschaftsmitgliedern des australischen Schiffs Stefanie [sic], das im Kanal von Black Rock bei Point Cloates unterge-

gangen war. Einige der Besatzung wanderten bis Warroora, und man weiß nicht, ob sie verhungerten – was ziemlich unwahrscheinlich ist, denn die See wimmelte von Schildkröten und Fischen und überall am Strand gab es Mengen von Schildkröteneiern und Austern – oder ob die Eingeborenen sie getötet haben.

Später im selben Jahr übernahm Carter die Pacht für ein neues Viehzentrum in Point Cloates, wo er sein Haus aus Wrackteilen baute und stark auf die Arbeitskraft der Aborigines zurückgriff. Als anerkannter Ornithologe veröffentlichte er 1903 eine umfangreiche Liste der Vögel der Gegend, und er verzeichnete ebenfalls die Eingeborenennamen, die ihm der örtliche Stamm der Talaindji nannte.

Leben im Stamm

Die Eingeborenen schienen unser Unglück zu verstehen, denn sie berührten uns zart und trennten uns mit mitleidsvollen Blicken. Wir konnten kaum unsere Lippen bewegen, geschweige denn sprechen. Unfähig, uns auf den Beinen zu halten, krochen wir unter großen Schwierigkeiten über den Sand, bis unsere Retter das Ausmaß unserer Versehrtheit erkannten und uns an den unbegrabenen Leichen von Bucić und Dediol vorbeitrugen. Es war eine dreiviertel Meile bis zur Ebene mit den bekannten Brunnen [Punkt F].

Als wir eintrafen, grüßten uns Eingeborene, die schon dort lagerten, mit großer Freundlichkeit und, was uns damals wichtiger war, mit Wasser und Essen. Sie stellten uns wieder her. Unsere Wohltäter gruben Löcher in den Sand, in denen wir schlafen sollten, dabei ließen sie Raum für unsere durch die Unterernährung aufgeblähten Bäuche.

Am nächsten Tag genasen wir weiter, obwohl wir immer noch zu schwach waren zu gehen. Wir ruhten, aßen und tranken, so viel wir wollten. Die Männer fischten fast den ganzen Tag, während die Frauen und Kinder Beeren, Früchte und Feuerholz sammelten. In gewissen Zeitabständen brachten sie den Männern Wasser. Gegen Abend, als die Männer zurückkehrten, machten sie uns klar, daß wir beim Stamm bleiben und sie begleiten sollten, wenn sie ihre Wanderung wieder aufnahmen. Wir wußten, daß unsere Grundbedürfnisse Essen und Wasser waren, und sie machten uns verständlich, daß sie sich um uns kümmern würden. Ich mußte nicht überzeugt werden, denn das war genau der Plan, den ich mir in Gedanken für meine Rettung gemacht hatte, als ich beschloß, etwas Praktisches tun zu müssen, wenn ich nicht wie der Rest sterben wollte. Der einzige Unterschied war der, daß ich mir vorgestellt hatte, mich den Eingeborenen aufzudrängen. Jurić und ich waren glücklich, uns den Aborigines anschließen zu können, obwohl wir wußten, daß es nicht einfach sein würde. Denn sie mußten sich jeden Tag sehr schnell und sehr weit bewegen, um der spärlichen Erde genügend Nahrung abzuringen. Wir rasteten ungefähr eine Woche am Treffpunkt am Brunnen [Punkt E] und lernten viel über den Alltag dieser Menschen. Sie hatten wenig Bedürfnisse und befanden sich in völliger Ausgewogenheit mit der Natur. Es gab keinen Überschuß oder Abfall, und obwohl sie gelegentlich hungern mußten, schien es für sie doch keine Hungersnot zu geben.

Ich begann die abendlichen Rituale zu beobachten. Da am Abend das Hauptmahl des Tages verzehrt wurde, stellte es die einzige wirklich gemeinschaftliche Aktivität des Tages dar. Wenn das Essen fertig war, kamen die Familien – jede Gruppe mit ihrem Führer – zusammen. Die Männer in jeder Gruppe saßen mit den Rücken zu den Frauen und aßen zuerst. Dann reichten sie ihnen die Reste über die Schultern, und die Frauen verteilten, was übrigblieb, unter den Kindern.

Nach dem Abendessen bereitete sich jeder auf die Nacht vor, indem er einen Schlafplatz aus dem Sand aushob und sich aus Zweigen einen kleinen Windschutz baute. Bevor sie schlafen gingen, setzten sich die Männer um mehrere Feuer und begannen mysteriöse Wörter zu skandieren, was sie mit dem Geklapper ihrer Waffen begleiteten:

Paur paur gutari
Puhur cerima
Moli gumagura

Die Zeremonie dauerte ungefähr eine Stunde. Selbst nachdem ich die Sprache etwas gelernt hatte, verstand ich weder die Bedeutung des Lieds noch die Zeremonie an sich.

Obwohl der Fischfang die Hauptnahrungsquelle darstellte, bildete das Früchtesammeln der Frauen eine willkommene Abwechslung. Da sie immer viele Früchte mitbrachten, stillten sie unseren Hunger. Die Frauen sammelten eine Art Bohne, die der europäischen Linse sehr ähnelte. Sie war länglich und wuchs in Schoten, die zwanzig oder mehr Samen enthielten. Die Schoten hingen an Sträuchern, die ungefähr einen Meter hoch und mit langen, schmalen und hellgrünen Blättern bedeckt waren. Die Frauen trockneten und zermahlten sie mit Steinen. Das sich daraus ergebende Mehl wurde sofort mit Wasser vermischt, in kleine Laibe geformt und auf glühender Kohle gebacken. Das Brot hatte einen ungewöhnlichen Geschmack, aber es schmeckte mir, und ich bekam immer eine Extraportion.

Etwas, das sich jeder gern schmecken ließ, war eine Art von kernloser, sehr süßer Dattel. Sie wurde nie roh gegessen, sondern immer zuerst geröstet oder gebacken. Nur die Frauen wußten, wo man sie finden konnte, und sie hielten die Stellen vor den Männern des Stammes und vor uns beiden geheim. Ich bekam nie mehr als vier oder fünf kleine Früchte und wollte immer mehr. An einem Tag, als ich meine Kräfte wiedergewonnen hatte, drängten mich die Männer, mit denen ich mich besonders angefreundet hatte, den Frauen heimlich zu folgen, um herauszufinden, wo sie diese Schätze fanden. Was für ein Fehler! Als die Frauen bemerkten, daß ich ihnen folgte, rannten sie hinter mir her und verpaßten mir mit Stöcken und ihren Fäusten eine Tracht Prügel. Die Männer, die mich angestachelt hatten, waren äußerst amüsiert. Sie lachten und ärgerten mich: »Pignari cominini, pignari cominini!« – »Frauen sind bösartig!«

Als ich langsam begann, ihre Sprache zu verstehen, bemerkte ich, daß es sie ärgerte oder störte, unsere zu hören. Besonders wenn ich mich länger mit Jurić unterhielt, schien es sie zu irritieren, daß sie nicht verstanden, was wir sagten. Also vermieden wir lange Gespräche. Wir hatten aus ihrer Freundlichkeit so großen Nutzen gezogen, nicht nur dadurch, daß sie ihre Nahrung mit uns teilten, sondern auch durch ihre Freundschaft und die Tatsache, daß sie uns wie Mitglieder ihres Stammes behandelten.

Nachdem wir eine Woche gerastet hatten, begann der Stamm mit den Vorbereitungen zum Aufbruch nach Süden. Ich erinnerte mich daran, daß es der 3. Februar war, das Fest von St. Blaise (Sveti Vlaho), dem Schutzpatron von Dubrovnik. Während der Woche hatten Jurić und ich relativ viel Zeit damit verbracht, unsere jeweiligen Erinnerungen an die Ereignisse seit dem Schiffbruch zu vergleichen. (Wir fanden später heraus, daß unsere Zeitrechnung ziemlich genau war.) Als wir uns vorstellten, daß zu Hause ein Feiertag war, stiegen auch andere Erinnerungen in uns auf, und wir wurden traurig. Also konzentrierten wir unsere Gedanken auf den bevorstehenden Marsch.

Den Frauen fiel die wichtige Aufgabe zu, das Süßwasser zu tragen. Sie transportierten es in kruden hölzernen Schalen, die von außen mit einer Paste aus Schlamm und Gras bestrichen waren, um sie zu versiegeln. Wir wußten, wir würden mit den Frauen und Kindern gehen, denn sie bewegten sich etwas langsamer, weil sie unterwegs Früchte und andere Nahrung sammelten. Als wir losgingen, schaute ich ein letztes Mal auf die drei frischen Erdhügel, wo die Überreste von Lovrinović, Antoncić und Brajević lagen, und ich empfand große Trauer. Wie glücklich ich mich schätzen konnte, unter den Lebenden zu sein. Ich wußte, daß mein neues Leben als Nomade sehr hart werden würde, vielleicht überstieg es meine Kräfte, aber es gab keine Alternative als den Tod durch Verhungern und Verdursten. Ich hegte große Hoffnung, eines Tages so stark zu sein, daß ich versuchen konnte, in die Zivilisation zurückzukehren oder zumindest so lange zu leben, um ein Segel zu sichten und ihm Signale zu geben.

Der Stamm machte einen Umweg bis Cape Farquhar [Punkt E], wo wir die Nacht verbrachten. Der Marsch des ersten Tages war kurz. Ein Glück für Jurić und mich, denn es war uns fast unmöglich, selbst mit den Frauen und Kindern Schritt zu halten, außerdem litten wir unter Schmerzen.

Früh am nächsten Tag drängte eine Gruppe von Männern darauf, weiter nach Süden zu gehen, um bessere Fischgründe zu finden. Jurić und ich wurden aufgefordert, sie zu begleiten. Immer wieder wiederholten sie: »Tataruga voteri.« Schließlich verstanden wir ihre Zeichen und wußten, daß Schildkröten gefangen werden sollten. Einige Frauen begleiteten uns als Wasserträgerinnen. Wir schafften den Tagesmarsch und durchquerten einen kleinen brakigen Küstensee [In Richtung auf Punkt G]. Hier waren wir schon vor drei langen Monaten umhergeirrt.

In jener Nacht geschah etwas Merkwürdiges. Gegen Mitternacht unterbrachen Wehklagen und wilde Schreie die nächtliche Stille. Jurić und ich erschraken und bekamen Angst, denn wir wußten nicht, was geschehen war, und waren die einzigen, die sich genügend Sorgen machten, um aufzustehen. Wir fanden schließlich heraus, daß das Geschrei von einer Frau kam, deren Mann in den letzten Tagen verschwunden war. Wir erinnerten uns an ihn, und es fiel uns wieder ein, daß uns erzählt wurde, er sei verschollen. Niemand schien sich große Sorgen darüber zu machen, was aus ihm geworden war. Eins war jedoch sicher: Der Stamm konnte oder wollte seinen endlosen lebenserhaltenden Marsch nicht unterbrechen. Die Trauernde wiederholte ihr Wehklagen mehrere Nächte lang. Uns wurde deutlich, welches Glück wir gehabt hatten: Diese Gruppe von Eingeborenen hatte so ruhig auf uns gewartet und dadurch ihre eigene Sicherheit riskiert.

Am nächsten Morgen weckten uns die Rufe »Tataruga voteri«, und jetzt begann die Schildkrötenjagd wirklich. Die Eingeborenen entdeckten Tiere, die in der Nähe des Strandes schwammen oder ruhig an der Oberfläche schliefen. Bevor wir Weiße auch nur bemerkten, wo eine Schildkröte war, sprang bereits ein Mann ins Wasser und drehte sie um. Sie fingen auch Schildkröten, indem sie in der Nähe der Wasserlinie Netze aufstellten, in denen sich die Tiere verfingen. Obwohl es harte Arbeit war, betrachteten unsere lachenden Freunde es doch wie einen großen Scherz und freuten sich über jeden Fang. Eine gefangene Schildkröte wurde umgehend an Land gezogen, und man schlug ihr den Kopf ab. Bestimmte Eingeweide wurden aus der Nackenöffnung gezogen. Die Leber und andere als Delikatessen geltende Teile aß man roh, dann wurde der Rest der Schildkröte noch in ihrer Schale in einem großen Haufen glühender Kohlen geröstet. Als das Fleisch halbgar war, ließ es sich sehr leicht von der Schale lösen, und die Fleischstücke wurden wieder auf heiße Kohlen gelegt, bis sie ganz gar waren.

Ich war gespannt darauf, dieses neue Gericht zu kosten, und es schmeckte mir sehr gut, nur war meine Portion viel kleiner, als ich erhofft hatte. Als das Wasser knapp wurde, wandten wir uns nach Norden, und nach eineinhalb Tagen trafen wir den Stamm wieder in der Nähe von Cape Farquhar [Punkt E]. Der gesamte Ausflug dauerte dreieinhalb Tage.

Nach der Nachtruhe drängte der Stamm zum anderen Brunnen im Norden des Kaps [Punkt F].* Er war nur drei oder vier Meilen entfernt, und wir erreichten ihn gegen Mittag. Die Frauen füllten viele Wassergefäße, und am nächsten Morgen waren wir wieder unterwegs: immer Richtung Norden.

Gegen Mittag gelangten wir in eine große fruchtbare Ebene, die ein Treffpunkt für benachbarte Stämme zu sein schien. Überall verstreut lagen Gräten und andere Anzeichen für ihre Gegenwart. Die Männer fachten das Feuer an und bereiteten Essen zu, allerdings rührten sie keinen Bissen an, bis die Frauen, die große Mengen Wasser herbeitrugen, am Abend eintrafen. Obwohl erst zehn Tage vergangen waren, seit Jurić und ich in unserem Kampf beinahe am Strand gestorben wären, hatten wir bereits den sozialen Aufstieg aus der Frauengruppe heraus erreicht und jagten und fischten jetzt mit den Männern. Ein weiterer kurzer Marsch am nächsten Tag brachte uns an einen neuen Brunnen, wo wir wiederum Essen zubereiteten und mehrere Stunden auf die Frauen warteten.**

Unser Alltag wurde eintöniger: Fischen, Wasserbeschaffung, Nahrungszubereitung, essen und schlafen – dann standen wir auf, und es wiederholte sich derselbe Ablauf am folgenden Tag. Dabei ging es immer nach Norden. Um den 9. oder 10. Februar marschierten wir in der Nähe der Küste, obwohl der schmale Pfad schwieriger zu begehen war als die gut ausgetretenen Wege im Inland. Ich war erstaunt, allerdings nicht lange. Alle schrien immerzu »Majabulo, majabulo.« Einen Augenblick später sah ich zu meinem Erstaunen zwei

* Wahrscheinlich der Bulbarli-Brunnen südlich von Warroora.

** Wahrscheinlich der Warroora-Brunnen.

Kanus in einem Busch vor uns. Die seltsamen Kanus waren nichts weiter als zwei ausgehöhlte leichte tropische Stämme mit Schnitzereien am Bug. Sie verfügten über eine Trimm aus Bambus und einen kleinen Schutzaufsatz. Dem Material und der Arbeitsweise nach zu urteilen, wußte ich, das sie keine Produkte unseres Stamms waren, sondern wahrscheinlich die Arbeit von Malayen, von denen ich wußte, daß sie Tausende von Inseln im Norden des Westkaps auf der Route nach China bevölkerten.* Die Kanus waren extrem leicht, und zwei Männer trugen sie problemlos ins Wasser. Bengo und Gjimmi, zwei Familienoberhäupter des Stammes, fuhren mit den Booten in tiefe, rauhe Wasser. Sie paddelten sehr schnell und sahen aus, als ritten sie wilde Pferde. Uns wurde klar, daß diese Kanus uns ermöglichen könnten, ein vor der Küste laufendes Segelschiff zu erreichen, wenn eines vorbeisegelte.

Wir beschlossen zu üben, wie man die Kanus paddelt und steuert, aber so oft wir auch versuchten, in die Boote zu steigen, wir kenterten sofort. Jeder Versuch endete mit demselben Ergebnis, und währenddessen umstanden uns alle Frauen und Männer. Sie lachten und forderten uns auf, es wieder zu versuchen. Nun wußten wir, wir wären niemals in der Lage, uns in diesen unsicheren Korken auf das Meer hinauszuwagen. Abgesehen davon, gewannen wir den Eindruck, daß die Boote an diesem Ort aufbewahrt wurden, damit sie von den Stämmen benutzt werden konnten, die die Küste entlang wanderten. Nachdem Jurić und ich unsere sinnlosen Versuche aufgegeben hatten, fuhren Bengo und Gjimmi mit den Booten hinaus auf See und kehrten schon bald mit zwei großen Schildkröten zurück. Ein Festmahl für den Stamm.

* Diese Vermutung war richtig, denn damals waren viele Malayen vor der Küste Australiens und in der Shark Bay im Perlengeschäft. Zahlreiche dieser kleinen Boote fanden so ihren Weg an diese Küste.

Immer wenn wir weiterzogen, legten wir zuerst den Weg bis zur nächsten guten Süßwasserquelle zurück. Gewöhnlich befanden sie sich einen guten Tagesmarsch weit entfernt. Nach drei Tagen am Ort der Kanus zogen wir wieder nach Norden. Wir stießen auf Brunnen, die, wie es schien, vor kurzem geöffnet und von Stämmen benutzt worden waren, die vor uns herwanderten. Während unseres Marsches wiederholten die Eingeborenen immer wieder den einen Satz: »Minara denki nagoru.« Obwohl ich inzwischen über ein kleines Vokabular verfügte, das auch einige nützliche Sätze beinhaltete, konnte ich diese Wörter nicht verstehen. Wegen des fürsorglichen Tons, in dem der Satz gesprochen wurde, und der Tatsache, daß die Wörter immer direkt an Jurić und mich gerichtet waren, meinte ich, daß die Eingeborenen etwas Gutes für uns voraussahen. Ich wartete also aufgeregt auf eine erfreuliche Überraschung. Im weiteren Verlauf unserer Reise wuchs die Freude und Ausgelassenheit der Eingeborenen, ich konnte allerdings nicht verstehen, warum. Mir blieb nichts anderes übrig, als zu lächeln und zu hoffen, daß vielleicht eine Rettungsmöglichkeit für uns gemeint sein könnte. Als wir eine große Gruppe von Süßwasserquellen erreichten, die in der Mitte einer weiten, schönen und fruchtbaren Ebene lagen [Punkt L, in der Nähe von Point Maud], und die Nacht dort verbrachten, deutete alles darauf hin, daß der Stamm beabsichtigte, eine Weile zu bleiben.* Einige Männer brachen auf, als wollten sie die Gegend auskundschaften. Andere gingen zum Fischen an den Strand. Wie immer schienen alle auf die Ankunft der Frauen zu warten. Als sie jedoch eintrafen, dauerte das Warten an, so als fehle noch jemand. Es dauerte Stunden, bevor das Rätsel gelöst wurde und ein anderer Stamm aus dem Norden

* Wahrscheinlich in der Nähe des Cardabia- oder Kooloobelloo-Brunnens.

eintraf – sehr groß, laut und freundlich. Dies geschah am 15. Februar.

Was für wilde Rufe des Willkommens! Schreien, frenetisches Handgemenge und Lachen – es war wirklich ein herbeigesehntes Zusammentreffen zwischen engen Freunden, die sich seit langem nicht mehr gesehen hatten. In kleinen und großen Gruppen wurde ohne Unterlaß gesprochen. Fröhliche Geschichten und nach Ton und Gesten zu urteilen, wurden auch einige traurige ausgetauscht.

Wir verstanden, daß unter den vorgetragenen Geschichten auch Erzählungen über den Untergang der *Stefano*, den Tod der Mehrzahl ihrer Besatzungsmitglieder und die Leiden der beiden armen Überlebenden geschildert wurden. Die Schiffstragödie muß die Besucher sehr gerührt haben, denn viele der Neuen, besonders Frauen, kamen mit traurigen Gesichtern zu Jurić und mir, berührten uns und wiederholten leise »Kaciujamoro«, was wir als einen Ausdruck ihrer Sympathie interpretierten oder vielleicht auch als aufmunternde Worte.

Schließlich geriet die Konversation ins Stocken, und gemeinsam begannen sie in derselben Weise zu skandieren, wie in den letzten Tagen: »Minara denki bolu«. Selbst die neuen Eingeborenen wiederholten es. Einige der Männer müssen meine Enttäuschung darüber gespürt haben, daß ich sie nicht verstand, denn sie ergriffen meine und Jurićs Hände und führten uns – ja zerrten uns fast – zum nahe gelegenen Strand, wo uns ein seltsamer und trauriger Anblick erwartete.

Dort befand sich ein Rettungsboot der *Stefano*, sicher oben am Strand hinter der Flutlinie vertäut, vollständig mit Rudern und einem zerrissenen Segel versehen. Das Segel war unbeholfen repariert worden, und das große Leck in der Seite des Bootes hatte man mit Gras und Harz zu stopfen versucht.

Das Boot muß von Eingeborenen, die es wahrscheinlich

weiter nördlich gefunden hatten, an diese Stelle gebracht worden sein. Sie hatten wohl gehofft, es für die Schildkrötenjagd in der Gegend benutzen zu können. Es war erstaunlich, daß einige der Ruder gefunden worden waren, die wir verloren hatten. Ebenfalls hatten sie Segeltuch gefunden, es repariert und relativ gut geflickt.

Jetzt wurde mir der Satz klar, den ich nie verstanden hatte: »Minara denki nagoru« – »Bald schon werdet ihr euer Boot sehen«. Das Schlüsselwort war natürlich *dengi*, was ich immer für eine englische Fehlform von *take* oder *thank you* [*nehmen* oder *Danke*, Anm. d. Übers.] hielt. Tatsächlich war es eine Abwandlung des englischen Wortes für ein kleines Boot, *dinghy*. (Jurić und ich konnten damals nur sehr wenig Englisch.) »Minara denki bolu« bedeutete, »bald werdet ihr euer Boot segeln«, und das war wirklich der Plan für den folgenden Tag.

Ich war zu aufgeregt, um in dieser Nacht ruhig zu schlafen. Die Ereignisse des Tages, das große Treffen, und der Anblick des Bootes, das Costa und mich an Land gebracht hatte, rief zu viele lebhafte Erinnerungen wach. Darüber hinaus machte ich mir Gedanken darüber, daß das Zurücklassen des Bootes vielleicht acht Menschenleben gekostet hatte!

In meiner kurzen Ausbildung lernten wir, daß ein Rettungsboot bei einer Tragödie auf See die einzige Hoffnung eines Seemanns ist. Mehr als einmal dachte ich über Erzählungen von Schiffskameraden von kleinen Booten nach, die mit Überlebenden überfüllt waren.*

* In diesen Teilen des Globus geschahen einige sehr beachtliche Zwischenfälle. 1629 brachte ein Rettungsboot der *Batavia* die Schiffbrüchigen von der Westküste Australiens bis nach Java. 1789 wurde Kapitän Bligh mit achtzehn Mann in einem kleinen Boot von der H.M.S *Bounty* ausgesetzt, und er segelte es von den Tonga-Inseln bis nach Timor, 3600 Meilen in einundvierzig Tagen, ohne Menschenleben dabei zu beklagen. Als 1811 das

Aber diese Überlegungen abwehrend, sagte ich mir, daß unsere Situation anders gewesen sei. Das Boot hatte ein riesiges Leck. Zudem hatten wir gleich nach dem Schiffbruch nur sehr geringe Wasservorräte. Dennoch hatten die Aborigines das Boot repariert, und wir hatten schließlich Wasser gefunden. Warum waren wir nicht beim Boot geblieben oder später dorthin zurückgekehrt, um es für einen Rettungsversuch einzusetzen?

Der deprimierendste Gedanke war der, daß das reparierte Rettungsboot das einfachste und schnellste Mittel gewesen wäre, um von Point Cloates zum Gascoyne River zu gelangen. Wahrscheinlich hätten wir es mit Werkzeugen und Materialien aus dem Treibgut wieder seetüchtig machen können. Die Fahrt mit dem Boot hätte vermutlich nicht länger als drei Tage gedauert. Die Entfernung betrug nicht mehr als einhundertzwanzig Meilen, und der vorherrschende landwärts gerichtete Wind – aus dem Westen – hätte es einfach gemacht, das Boot auf einem südlichen Kurs zu halten. Darüber hinaus hielt das parallel der Küste vorgelagerte Riff das Wasser ruhig und hätte so eine kurze Reise garantiert. Inzwischen war ich richtig wütend auf uns geworden und versuchte, Jurić darauf aufmerksam zu machen, daß wir alle einen ernsthaften Fehler in der Beurteilung der Situation gemacht hatten. Andererseits wäre nichts dadurch gewonnen gewesen, wenn er sich ebenso aufgeregt hätte wie ich. Schließlich wurde mir klar, daß wir mit dem Boot jetzt zu unserer ersten Lagerstätte nach Norden segeln konnten, die nicht weiter als fünfzig Meilen entfernt sein dürfte. Dort angekommen, könnten wir das Boot auf soli-

amerikanische Schiff *Rapid* nur einige Meilen von der Stelle, wo die *Stefano* verlorenging, vor Point Cloates unterging, segelten der Kapitän und zweiundzwanzig Mann drei kleine Jollen in vierundfünfzig Tagen bis nach Batavia, Java.

dere Weise reparieren, die zurückgelassenen Wassertonnen füllen und in etwa drei Tagen zum Gascoyne River segeln. Das war etwas, das ich mit Jurić diskutieren mußte.

Sehr früh am nächsten Morgen segelten die Eingeborenen mit uns hinaus. Wir richteten den Mast und setzten das Segel. Die fünf Ruder nahmen wir mit. Nach dem erfolgreichen Start klappte nichts mehr. Keiner übernahm die Führung und gab Befehle. Insgesamt waren wir acht, und jeder hatte seine eigenen Vorstellungen von der Fahrt. Die Takelung riß, das alte Segel gab nach, und der Rumpf leckte. Wir holten das Segel ein und versuchten zu rudern. Die Ruder sprangen aus den Dollen, denn sie waren kaputt, und mit unseren Ruderkünsten war es nicht weit her. Also gaben wir auf, ohne uns wirklich zu ärgern. Nach Schildkröten hatten wir nicht einmal Ausschau halten können. Uns blieben immer noch einige, die gestern nicht zubereitet worden waren und uns heute als Nahrung dienen konnten.

An jenem Abend wurde derselbe geheimnisvolle Gesang angestimmt. Auch der neue Stamm kannte ihn gut, aber nicht einmal unsere engsten Freunde des Stammes waren in der Lage, ihn zu erklären. Keiner wußte genau, was die Wörter bedeuteten, aber sie sagten, das Lied sei sehr alt.

Am nächsten Morgen hatte ich mich endgültig entschieden, nichts über meine Pläne in bezug auf das Rettungsboot zu sagen. Dies nicht nur wegen seines Versagens am vorigen Morgen; es hatte mit meinem Unwillen zu tun, mich von diesen wundervollen Menschen zu trennen, die so gut zu mir waren.

Wenn ich damals schon gewußt hätte, was ich später herausfinden sollte, ich hätte keinen Moment gezögert, mein Leben in ihre Hände zu legen. Ohne unser Wissen hatten sie einen Plan für unsere Rettung ausgearbeitet, der jenseits von allem stand, was zu erwarten oder hoffen war.

Sehr früh an jenem 19. Februar beschlossen die beiden Stämme, sich zu trennen und ihre Wege fortzusetzen. Weder für Jurić noch für mich bestand der geringste Zweifel, daß wir mit unserer Gruppe weiterzögen, denn wir kannten sie jetzt so gut. Darum war es eine Überraschung, als einige der älteren Männer zu uns kamen und sagten: »Bullura vagaj«. Das bedeutet *geht*, und sie deuteten mit den Händen zu dem anderen Stamm, der nach Norden zog. Ich wollte mich der Gruppe anschließen, denn sie ging nach Norden, und an der Spitze des Nordwestkaps schienen immer noch die besten Aussichten zu bestehen, ein vorbeisegelndes Schiff zu sichten. Darüber hinaus schien die neue Gruppe im Fischen und in der Nahrungsbeschaffung erfolgreicher zu sein. Aber meine emotionale Bindung an den ersten Stamm war doch zu stark, als daß ich sie verlassen konnte.

Doch bevor wir eine Entscheidung fällten, traf man sie für uns. Ein alter Mann aus unserem Stamm rief den aufbrechenden Eingeborenen zu: »Vac-balla gindara go ota!« – »Wartet auf die Weißen!« Der Stamm wartete, und Jurić und ich verabschiedeten uns schnell und traurig von unseren Wohltätern. Wir waren jedoch nicht sicher, ob das wirklich unser letztes Treffen sein sollte.

Der neue Stamm war mit etwa einhundert Leuten viel größer als der erste. Fünf aufeinanderfolgende Tage lang marschierten wir mit einer Geschwindigkeit, an die wir nicht gewöhnt waren, und nahezu ohne Pause. Wir folgten Pfaden, die in alle Himmelsrichtungen liefen, obwohl unsere Hauptrichtung Norden blieb.

Jurić begann unter der Wirkung dieser neuen Anstrengung zu leiden und brach mehrere Male zusammen. Ich ging in einiger Entfernung mit einem anderen Teil des Stamms. Die, die ihn begleiteten, schickten zwei Männer, um mich zu finden.

Als ich ihn erreichte, stellte ich fest, daß der gesamte Stamm anhielt. Diese neue Belastung entsetzte mich, aber es schien festzustehen, daß keiner weitergehen würde, bis Jurić nicht wiederhergestellt wäre. Ein solches Maß an Rücksichtnahme hätten wir von diesen Fremden nie erwartet. Wir nahmen den Marsch recht bald wieder auf, und während der nächsten beiden Tage gingen wir langsamer. Zu meiner Überraschung gelangten wir wieder einmal zu dem gemeinsamen Treffpunkt [Point Maud, Punkt L], an dem die beiden Stämme ihre Feier verbracht hatten. Die meisten unseres alten Stammes hatten sich auf den Weg gemacht, und das Boot war nicht mehr da. Es verwunderte uns sehr, herauszufinden, daß wir eine Woche lang im Kreis beziehungsweise hin und her gegangen waren. Später verstand ich dieses Geheimnis. Dann geschah etwas Merkwürdiges. Die beiden Stämme, die zuvor noch so freundlich miteinander umgegangen waren, schienen in Streit zu geraten, und schon bald begann die Auseinandersetzung der wütenden Männer. Die zwei Stämme trafen sich am Fuß eines hohen Hügels, ein Stamm kletterte auf die Spitze und schrie und verfluchte die unten Stehenden. Schließlich wurde die Situation bedrohlich, sie stürzten aufeinander wie in einer Szene bei Dante.

Jurić und ich fürchteten um unsere Sicherheit und flohen an den Strand, dort hatten auch die Frauen und Kinder schon Schutz gesucht. Zunächst schienen die Frauen unbeteiligt, dann jedoch begannen sie sich zu sorgen und wiederholten immerzu: »Bulacballa pignari.« – »Unsere Männer sind zu feindlich gesinnt.« Schließlich konnten sie den Kampf nicht länger ertragen. Ungefähr ein Dutzend der älteren Frauen lief zum Hügel, sie stürzten sich unter die Streitenden und verlangten, die Auseinandersetzung sofort zu beenden. Der Sieg war ihrer. Alle legten ihre Waffen nieder und kehrten zu ihren

Familien zurück, um sich dort ihre Wunden und Verletzungen versorgen zu lassen. Es wurden keine Leben beklagt, und niemand trug eine ernstliche Verletzung davon. Die Frauen und Kinder beeinträchtigte die Auseinandersetzung am meisten: Keine Nahrung war gesucht oder zubereitet worden, und Hunger hielt Einzug. Viele der Männer waren davongegangen, und wir wußten nicht, was als nächstes geschehen würde.

Einige Tage später, um den 1. März, erschienen vereinzelte Eingeborene auf der Spitze der Hügel in der Ferne, und nach und nach tauchten weitere auf. Die Frauen waren erfreut und begannen zu singen: »Bulac-balla nagaru.« – »Unsere Männer kehren zurück.« Langsam kamen die Männer von den Hügeln, einige schienen verlegen, andere schauten finster drein. Sie begannen die Bumerangs und Waffen aufzusammeln, die überall herumlagen. Dann gingen sie langsam und widerwillig zum Strand. Männer aus beiden Stämmen versammelten sich.

Es war eine bemerkenswerte Szene. Die Männer machten Frieden miteinander, tauschten Entschuldigungen aus und versicherten sich ohne Zögern gegenseitig ihrer Zuneigung. Dann prahlten sie damit, wie viele Schläge jeder von ihnen eingesteckt hatte, ohne Schaden zu nehmen. Später erklärten sie den Frauen, wo sie in der Zwischenzeit gewesen waren. Sie waren weit ins Landesinnere gewandert, um eine sehr wertvolle Nahrung, die schmackhafte Palmdattel* als Friedensgabe zu holen. Sie hatten viele mitgebracht, rösteten sie und boten sie allen an. Im Anschluß an das leichte Mahl gingen alle Männer und die meisten der Frauen fischen oder auf Nahrungssuche. Mit uns zurück blieben zwei sehr alte Männer des ersten Stamms. Sie waren offensichtlich über sechzig Jahre alt, und zwei Frauen schienen schon achtzig zu sein.

* *Cicas redlei*, nach Pater Skurla im Originalmanuskript.

Nach vier oder fünf Stunden kehrten alle zurück. Die Männer brachten viele Fische von unterschiedlicher Größe, aber derselben Sorte mit. Wie gewöhnlich versammelten sich die einzelnen Familien und begannen Feuer zu entzünden. Und schon bald saßen zwei glückliche Stämme um ein Willkommensmahl. Auf diesen freizügigen und friedlichen Tag folgten zwei weitere angenehme Tage, die uns Gelegenheit gaben, die Unterschiede zwischen den beiden Stämmen zu beobachten und neue Freunde zu gewinnen. Jurić und ich lernten zwei kennen, die zu unseren Beschützern und Wohltätern werden sollten – Gjaki und Gjimmi. Letzterer war vielleicht dreißig, und das Oberhaupt der Familie einer alten Frau. Er wurde Jurićs Freund. Wie es der Brauch war, trug die alte Frau Gjimmi das Wasser und bereitete sein Essen zu. Sie waren verwandt und lebten mit einem kinderlosen alten Paar in einer kleinen Familie zusammen.

Jurić konnte sich glücklich schätzen, einen solch guten Freund gefunden zu haben, denn er litt eine Zeitlang an Geschwüren und Wunden überall auf seinen Schultern – die Folgen eines permanenten Sonnenbrands – und seine Beine und Füße waren von scharfen Felsen und harten Gräsern aufgeschnitten. Tagelang versorgte Gjimmi Jurićs Wunden mit einer Mischung aus feuchtem Ton und Sand, bis schließlich alle Wunden verheilt waren.

Aber der wirkliche Segen unserer neuen Freundschaft war das Essen, das man uns immer großzügig anbot, selbst wenn die Vorräte klein waren. Wir hatten viele Gründe, dankbar zu sein.

Die letzte Wanderung

Am Morgen des 5. März bereiteten sich die meisten, wie es schien, auf einen weiteren langen Marsch nach Norden vor. Wir waren insgesamt über einhundert Personen; die meisten kamen aus dem zweiten Stamm. Endlich sah es so aus, als wanderten wir jetzt auf dem Weg zur Spitze des Nordwestkaps, das ich für nicht ganz einhundert Meilen entfernt hielt.

Langsam fügte ich Informationen, Beobachtungen und einige Vermutungen zu einem Gesamtbild zusammen und gelangte so zu einem Verstehen des merkwürdigen Verhaltens der Aborigines während der vorausgegangenen zwei Wochen – warum der Plan mit dem neuen Stamm weiterzuziehen verworfen worden und was der Grund für den Streit bei unserer Rückkehr gewesen war.

Kurz nachdem wir uns dem ersten Stamm angeschlossen hatten, beschlossen die Führer der Gruppe, man müsse uns helfen, da wir sonst sicher umkommen würden. Es war ihnen jedoch unmöglich, uns auf unbestimmte Zeit bei sich zu behalten, denn wir behinderten sie bei ihrem schnellen Marsch und brachten das Gleichgewicht zwischen dem Stamm und seinem Wasser- und Nahrungsvorrat durcheinander. Ich fand später heraus, daß die älteren Männer glaubten, wir könnten unseren Weg zurück in die Zivilisation finden, wenn sie uns zu dem Rettungsboot der *Stefano* brächten, das dreißig Meilen entfernt am Strand lag. Das war kein unsinniger Gedanke, denn in ihrem Leben hatten sie zahlreiche kleine Boote von jenseits des Horizonts heransegeln sehen, die mit offensichtlicher Geschicklichkeit von weißen Männern gehandhabt worden waren. Darum waren sie so aufgeregt und wiederholten immer wieder: »Bald schon werdet ihr euer Boot sehen.« Aber dieser Plan schlug offensichtlich fehl, weil der Zustand des Bootes nicht gut genug war. Es schien auch nicht so, als könnten wir jungen Männer gut genug damit umgehen.

Je mehr ich von ihrer Sprache und ihren Gebräuchen verstand, desto deutlicher wurde mir, daß der Ort, wo das Rettungsboot lag, Point Maud, nicht nur den Treffpunkt mehrerer Stämme darstellte, sondern auch die Grenze zwischen den nördlichen und südlichen Stämmen bildete [Punkt L auf der Karte]. Die Grenzlinie war sehr wichtig. Obwohl die Stämme blutsverwandt und durch Heirat weiter zusammengewachsen waren, bestimmten ihre räumlichen Grenzen doch die Gebiete, in denen jeder das ausschließliche Recht auf Jagen, Fischen und Nahrungssuche genoß. Bei dem großen Treffen und dem anschließenden Fest vor zwei Wochen baten unsere Freunde des südlichen Stamms um Erlaubnis, sich jenseits der Grenzlinie bewegen zu dürfen, um Jurić und mich zum Nordwestkap zu bringen, wo häufig Schiffe gesichtet wurden und deshalb eine Rettung am wahrscheinlichsten war. Diesem Vorhaben wurde offensichtlich nicht zugestimmt.

Allerdings gestattete der nördliche Stamm, daß wir uns ihnen anschlossen, um von ihnen auf ihrer gewohnten Reise zum Nordwestkap mitgenommen zu werden. Wie schon früher erklärt, hatte der südliche Stamm uns zunächst gedrängt, mit ihnen zu gehen und schließlich darauf bestanden. Als der Stamm uns nach einer Woche zurückbrachte, so deshalb, weil wir uns für sie als größere Belastung herausgestellt hatten als angenommen. Der Streit, der dann folgte, war die Folge der Forderung unserer ursprünglichen schwarzen Freunde, der nördliche Stamm müsse uns helfen.

Das Ergebnis war ein annehmbarer Kompromiß. Der nördliche Stamm stimmte zu, uns mitzunehmen, wenn eine kleine Gruppe aus dem Süden ebenfalls mitkam, um sich um uns zu kümmern, falls wir zurückfielen oder krank würden. Gjaki und Gjimmi wurden dazu bestimmt, oder sie meldeten sich freiwillig dazu, unsere Beschützer zu sein.

Neun Tage hintereinander marschierten wir und ruhten nur während der Nacht. Wir waren einfach nicht fähig, mit dieser Geschwindigkeit Schritt zu halten. Auch nahm der Nahrungsvorrat wegen des andauernden Marschs rapide ab. Wir mußten Schalentiere – Langusten – am Strand sammeln, während wir gingen. Einmal konnten wir uns kaum noch voranschleppen und fielen zurück. Die Eingeborenen versuchten uns zu ermutigen oder anzustacheln, indem sie immer wieder riefen: »Bullura vagaj!« – »Geht weiter!« oder »Bewegt euch!«. Wir nahmen fälschlicherweise an, *bullura* bedeute *Kap*, denn die Eingeborenen waren so versessen darauf, uns dorthin zu bringen. Ich fragte: »Vangi Bullura?«, denn ich wollte wissen, wo das Kap lag, aber ich fragte eigentlich »Wo ist weiter?« Und die Antwort blieb immer »Parue, parue« – »Weit, weit« – eine auf diese Frage angemessene Antwort.

Zusätzlich zu unseren körperlichen Leiden erfolgte noch ein emotionaler Schlag. Als Lovrinović seine langen Märsche unternommen hatte, um Material von unserem entfernten Lager zu beschaffen, hatte er von einem Boot berichtet, das er hoch oben auf dem Strand entdeckt hatte. Am vierten Tag unseres Marsches erreichten wir es [Punkt M] auf halbem Weg zwischen Point Maud und Point Cloates. Es sah aus wie ein Boot englischer Bauart und war etwa fünfzehn Meter lang und in einem erbärmlichen Zustand. Es war vermutlich dem Wirbelsturm vom 24. Dezember zum Opfer gefallen, der auch die Leben unserer Schiffskameraden Perancić und Vulović gefordert hatte.

Drei Tage später erreichten wir den Ort südlich von Point Cloates, wo wir unser erstes Lager aufgeschlagen hatten [Punkt B]. Die Eingeborenen erkannten seine Bedeutung, verlangsamten ihr Tempo und lagerten schließlich kurz. Wir konnten uns umschauen und voller Trauer an alles erinnern. Die Hütte aus Holz und Segeltuch stand noch so, wie wir sie zurückgelassen hatten, aber die Vorräte und anderen versteckten Materialien waren bis auf einen großen Behälter mit Kartoffeln entdeckt und mitgenommen worden. Natürlich waren sie inzwischen verrottet. Ich fragte mich, warum Lovrinović sie nicht gefunden hatte, als er im Januar hier war, um nach Eßbarem zu suchen. Ich stierte stumm auf den Unterstand, dann auf den Boden und den Himmel, und meine Augen füllten sich. Ich konnte die Tränen nicht länger zurückhalten. Unsere schwarzen Begleiter versuchten mich zu trösten.

Als wir weitergingen, entdeckte ich durch Zufall eine Dose voller Nadeln. Ich war erfreut, denn nun konnte ich die Lebensdauer der Lumpen an meinem Leib verlängern. Ich versuchte, sie zu verstecken, aber eine der adleräugigen Frauen bemerkte es und wollte sie mir wegnehmen. Ich weigerte mich, sie herzugeben, und das verursachte einen unerwarteten Konflikt. Jeder drängte mich, ihr die Nadeln zu geben, aber ich weigerte mich. Ich wußte nicht, was sie mit den Nadeln machen wollte. Die Eingeborenen tragen keine Kleidung und verfügen auch nicht über Fäden. Egal! Sie bestand darauf, und jeder schien auf ihrer Seite zu stehen. Ein Kompromiß wurde notwendig, und ich schlug vor, ihr eine Nadel gegen einen Wertgegenstand zu tauschen. Ihr Mann verstand die Idee eines

Tauschhandels sofort und bot mir ungefähr ein Pfund Langusten an. Das war mehr als ich normalerweise erhielt, und der Handel war perfekt! So wurde die Nadel stolzer Besitz der Frau dieses Mannes. Mir wurde klar, daß ich über einen wunderbaren Schatz verfügte, der immer dann gegen Essen eingetauscht werden konnte, wenn der Vorrat besonders klein war.

Augenscheinlich hatte der Stamm als nächsten Rastplatz einen besonderen Ort im Kopf. Zum ersten Mal gingen wir fast die ganze Nacht hindurch, ohne auch nur zum Essen anzuhalten. Am nächsten Tag wurden wir von einigen Männern des südlichen Stamms übernommen. Ich fragte mich, wie es ihnen gelungen war, so schnell aufzuholen, und erfuhr, daß sie über einen Pfad im Landesinneren gekommen waren und vorbereitetes Essen und Wasser bei sich führten, um unnötige Aufenthalte zum Fischen oder Kochen zu vermeiden.

In jener Nacht genoß keiner von uns sein Essen wirklich, denn es bestand aus zwei großen Rochen (Glattrochen), einer fetten Echse und vier Schlangen. Offensichtlich befanden wir uns in kargen Fischgründen, und genügend zu sammelnde Nahrung gab es auch nicht. Vor dem Essen schaute ich nach, um sicher zu gehen, ob die beiden Schlangen, die sich der Stamm als Haustiere hielt, noch da waren. Zufrieden versuchte ich diese neuen Gerichte, und sie schmeckten – hungrig wie wir waren – nicht so schlecht.

Für den 11. März und die beiden folgenden Tage sagten die Eingeborenen Regen voraus und behielten recht. Es blitzte und donnerte gewaltig. Ein Eingeborener deutete auf den Gipfel eines Berges in der Ferne und erklärte, daß ihr oberster Gott Giunovagnabari böse sei und deshalb Blitze und Donner vom Himmel auf uns schleudere. Ich ließ ihn unter meine Plane aus Segeltuch, als es stärker regnete.

Einige Tage später, am 15. März (die Iden, wenn ich mich

nicht irre), beschlossen die Aborigines, sich in verschiedene Gruppen aufzuteilen und das Kap auf unterschiedlichen Routen anzugehen, die jedoch alle nach Norden verliefen. Jurić ging mit der ersten Gruppe, und kurz darauf folgte ich mit der zweiten. Nach dem Regen hatten wir einen wunderschönen, ruhigen Tag. Plötzlich wurde die Stille durch Schreie zerrissen. »Jamina, jamina!« Neugierig wie immer, war ich versessen darauf, herauszufinden, was geschah. Da man mich aber schon wegen meiner Neugierde gescholten hatte, ging ich auf Zehenspitzen zu der langen Reihe von Männern und Frauen, die auf einer hohen Düne standen und auf den Strand hinunterblickten. Als ich dort ankam, stieß mich ein Freund an und zeigte auf ein gewaltiges Seeungeheuer, das langsam auf den Strand zuschwamm.

Wie eine kleine Armee warf sich die Gruppe von schwarzen Männern in den Kampf. Es bildete sich eine lange Linie, die sich dem Ufer beständig näherte. Einige Mitglieder des Stammes blieben weiter oben stehen, um die merkwürdige Kreatur im Auge behalten zu können. Andere erklommen den nächsten hohen Hügel und entzündeten behende ein Feuer, um den ersten Stamm, der vielleicht eine Meile entfernt war, auf unsere Situation aufmerksam zu machen. Dieser Hilferuf wurde fast umgehend beantwortet. Die anderen rannten heran. Etwa vierzig der Männer standen in einer Reihe am Wasser, beobachteten die Beute und warteten mit Knüppeln, Steinen oder Speeren auf den genau richtigen Augenblick zum Zuschlagen. Im nächsten Moment sprang die gesamte Gruppe mit wilden Schreien ins Wasser. Sie trugen ein großes Netz aus Schlingen, das mir zuvor nicht aufgefallen war. Schnell umzingelten sie das Tier, das sich auf den Grund zurückzuziehen schien. Ein Eingeborener nach dem anderen schwamm zu der Bestie hinunter, um ihr tödliche Schläge auszuteilen. Einen Augenblick lang tauchte das Tier auf, um dann in einem Strudel abzutauchen, wobei es einige Männer mit sich zog, um im nächsten Moment schon wieder die Wasseroberfläche zu durchstoßen und sich erneut dem Kampf zu stellen. Schließlich jedoch wurde die gewaltige Kreatur, von den Steinen und anderen Waffen tödlich getroffen, an Land gezogen.

Bei dem Tier handelte es sich um eine Seekuh, ein pflanzenfressendes Säugetier, das in den tropischen Gewässern des Ostindischen Meeres oft angetroffen werden kann, besonders in den flachen Wassern von Buchten und jenseits von Riffen, wo es eine Vielzahl an Meeresvegetation gibt.* Ihr Fleisch wird als Nahrung sehr geschätzt, und der Tran erbringt ein klares, wertvolles Öl. Seekühe erlangen eine Größe von drei bis sieben Metern, und diese war fast bis zur Maximalgröße herangewachsen. Das war in der Tat Manna in der Wüste, und das Fest begann. Zunächst wurden die köstlichsten Teile, wie Leber und Milz, herausgeschnitten und roh verzehrt! Als nächstes wurden Kopf und Schwanz abgeschnitten, jedoch nicht weggeworfen. Dann wurde das Fleisch vorsichtig in schmalen Streifen von den Knochen geschnitten und in Portionen für einzelne Familien zusammengelegt. Jeder wartete ruhig darauf, an die Reihe zu kommen. Es muß eine vorbestimmte und allen bekannte Reihenfolge für dieses Ritual existiert haben, denn jeder – von den Fischern zu den Metzgern und von den alten Männern zu den alten Frauen, die sich an dem Fang nicht beteiligt hatten – wußte, was zu tun und was zu erwarten war. Die heißen Kohlen waren bald fertig, und die ausgehungerte Menge wurde gefüttert. Die übriggebliebenen rohen Teile wurden in kleinere Portionen geschnitten, um sie leichter

* Ein enger Verwandter des Seelefanten (manatee), den man in den Flüssen und vor der Küste Floridas antrifft. Da es inzwischen als eine vom Aussterben bedrohte Tierart geschützt wird, nimmt seine Zahl langsam wieder zu.

handhaben zu können, und es sah so aus, als gäbe es noch für mehrere Tage ausreichend Nahrung. Wir blieben noch drei weitere Tage, bis zum 20. März, an diesem Ort. Dann wurde das Trinkwasser brakig, denn keiner wollte die Feststätte verlassen, nur um frisches Wasser zu holen. Das Wasser war zum Trinken zu salzig, und das immer noch rohe Fleisch begann zu stinken. Doch am nächsten Tag verschlangen wir selbst das ranzige Seekuhfleisch und machten uns auf den Weg entlang der Küste, bis wir an einen Brunnen mit klarem, frischem Wasser kamen, das so gut schmeckte, daß wir diesen und den ganzen nächsten Tag blieben, um zu ruhen.*

In jener Nacht geschah ein unglücklicher Zwischenfall. Er brachte mir weitere Erkenntnisse über die Natur unserer eingeborenen Begleiter. Auf sehr ungewöhnliche Weise begann ein Mann in mittlerem Alter einen Streit mit seiner Frau und verlor die Beherrschung. Er schlug sie erbarmungslos, bis sie blutig und besinnungslos zu Boden fiel. Die Schlägerei erschütterte mich zutiefst. Die andern Männer müssen sich ähnlich gefühlt haben, denn sie sammelten sich um den Missetäter, griffen ihn und schlugen zu, bis er um Gnade bettelte. Er wurde dazu gezwungen, sich mit seiner Frau zu versöhnen, und von beiden verlangte man, sich ihre Köpfe mit einer dikken Paste aus Muschelpuder einzuschmieren: offensichtlich ein Zeichen der Schande. Das Verhalten des Stamms bei dem Zwischenfall ist nur ein Beispiel von vielen, das den großartigen Charakter dieser einfachen Leute zeigt.

Der Fang der Seekuh und das darauf folgende Fest hatten die beiden Teile des Stamms wieder zusammengeführt, und sie beschlossen, eine Weile zusammen zu reisen. Vor uns lag

* Wahrscheinlich die große Wasserstelle, die auch heute noch eine Meile nördlich von Sandy Point und sieben Meilen im Süden von Yardie Creek existiert.

immer noch ein weiter Weg bis zur Spitze des Kaps. Ich vermutete, daß wir vielleicht die Hälfte des Wegs zurückgelegt hatten. Am 24. März verließen wir den Brunnen, und wieder waren Jurić und ich gezwungen, mit den Frauen zu gehen. Keiner von uns konnte Schritt halten. Wir mußten Wasserbehälter tragen – erniedrigend, aber gerecht. Es brachte mich auf, daß meine ständige Begleiterin auf dem Marsch eine alte Frau von bestimmt achzig Jahren war und ich nicht einmal mit ihr mithalten konnte. Mein Stolz wurde am folgenden Tag in gewisser Weise wiederhergestellt, als man mich Waffen tragen ließ. Statt sie einfach zu tragen, band ich sie mir um und fühlte mich wie ein wilder Krieger.

Gegen Sonnenuntergang suchte ich aus reiner Angewohnheit und nicht, weil ich etwas erwartete, den Horizont ab. Ich war überrascht und für einen Augenblick wie vom Schlag getroffen. Wie wild begann ich ein Stück Stoff zu schwenken, das ich einer Frau von den Schultern riß, und in Richtung See zu schreien. Das war das erste Mal seit dem Unglück vor fünf Monaten, daß ich ein Schiff sichtete. Nicht einmal eine Meile entfernt segelte ein Schoner mit voller Takelung und bewegte sich mit jeder Sekunde weiter weg. Meine Stimme wurde heiser, aber ich schrie weiter, obwohl ich genau wußte, daß man mich nicht hören konnte. Das Schiff wurde undeutlicher, und ich vor Verzweiflung gefühllos. Vor Wut und Aufregung schrie und winkte ich noch einige Minuten, und als ich abbrach, schaute ich verzweifelt gen Himmel und schluchzte »Es ist weg!« Meine alte Freundin klopfte mir auf den Rükken, um mich ihres Mitgefühls zu versichern. Aber ich nahm sie kaum wahr, als sie versuchte, mir wieder Mut zu machen. Schließlich erholte ich mich von meiner Schwermut und suchte nach Jurić, um ihm zu erzählen, was geschehen war. Obwohl Jurić das Segel nicht gesehen hatte, ermutigte ihn die

Nachricht von der Schiffssichtung. Wir näherten uns zweifellos dem richtigen Ort, von dem wir Schiffen Signale geben konnten. Und ich hatte schon das erste gesichtet.

Wir waren noch nicht bereit, unser Lager für die Nacht aufzuschlagen. Eine ziemlich große Wasserrinne schnitt uns genau hinter einem marschigen Teil, wo im Wasser kleine Büsche wuchsen, an der Küste den Weg ab. Wir lagerten diesseits des Sumpfs, denn wir wollten bis zum nächsten Morgen warten, um diesen relativ langen Meeresarm zu überqueren. Wir wollten die fünfzehn bis zwanzig Meter breite Rinne durchwaten und nicht den langen Umwanderungsweg ins Inland einschlagen. Die Schwarzen wateten geradewegs hindurch und kümmerten sich weder um die scharfkantigen Muscheln noch den schlüpfrigen Grund. Jurić und ich aber glitten mehrmals aus und fielen sehr zum Vergnügen unserer lebenslustigen Freunde hin. Schließlich sprangen wir hinein und schwammen auf europäische Weise. Der Rest der Eingeborenen folgte uns, und sie ahmten uns auf eine groteske, aber gutgemeinte Weise nach.*

An diesem Abend bekam Jurić nach dem Essen, das wieder aus Rochen bestand, erhebliche Magenkrämpfe. Sein Stöhnen und Wehklagen war überall im Lager zu hören. Er hatte kürzlich an furchtbaren Zahnschmerzen gelitten, und alle Versuche, seine Schmerzen zu lindern, scheiterten, bis Cialli, der Medizinmann des Stamms, ihn mit ein paar Worten und einem bißchen Salbe völlig heilte. Wir holten Cialli wieder, aber diesmal hatte seine Behandlung keine Wirkung. Also versuchte er eine neue Methode. Er riß Jurić einige Haare aus, benetzte sie mit dem Öl des Rochens und rieb die Haare über Ju-

* Hier handelte es sich wahrscheinlich um Yardie Creek (Punkt P), dem größten Meeresbusen zwischen Point Cloates und dem Nordwestkap. Es liegt etwa fünfzig Meilen südlich des Kaps.

rićs Bauch. Dem Patienten ging es schon bald besser – ob vom Reiben, dem öligen Haar oder seiner Einbildungskraft, wußten wir nicht –, und es interessierte uns auch nicht.

Vier Tage später lag eine weitere Wasserrinne vor uns. Diese war ebenso breit wie die vorige, aber sehr viel tiefer. Sie konnte nur schwimmend durchquert werden.* Diesmal bestand mein treuer Behüter Gjaki, ein ausgezeichneter und starker Schwimmer, darauf, daß ich mich an seinen Schultern festhielt. Auf der anderen Seite entdeckten wir eine große Ebene [Punkt Q auf der Karte] und einen Brunnen mit klarem Süßwasser – das beste, das wir seit Tagen getrunken hatten.**

Vor Sonnenaufgang gingen einige Frauen in den Busch und kehrten nicht vor dem nächsten Morgen zurück. Sie brachten Mengen von Insekten mit, die wie mediterrane Honigbienen aussahen. Die Frauen zeigten mir die Bienenstöcke, die aus nassem weichem Schlamm bestanden, der in der Sonne härtete. Die Stöcke waren vielleicht eineinhalb Meter hoch und hatten unten einen Durchmesser von etwa einem Meter. In jeden Bienenstock, geformt wie ein sich nach oben verjüngendes Horn, waren kleine Löcher gestochen worden, die ihnen eine rauhe Oberfläche verliehen. Ich beobachtete die Frauen, wie sie die Insekten sammelten, indem sie rauchende Holzscheite um die Stöcke legten. Der Rauch machte aus den Insekten gefügige Opfer.***

Am 30. März wanderten wir auf eine sandige Ebene [Punkt R]. Sie erstreckte sich in alle Richtungen, soweit das Auge

* Wahrscheinlich Pilgonaman Creek, zehn Meilen nördlich von Yardie Creek.

** Wahrscheinlich der Pilgonaman-Brunnen. Er ist immer noch auf topographischen Karten verzeichnet.

*** Eine recht exakte Beschreibung von Termiten oder Flugameisen und ihren Hügeln, aber nicht von Honigbienen!

reichte, und es war weder ein Busch noch ein einziger Grashalm zu sehen. Wir lagerten in der Nähe des Ufers. Als ich einschlief, verließen uns einige der Männer ohne ein Geräusch. Am Morgen zeigten sie mir die Belohnung für ihre nächtliche Arbeit – zehn große Schildkröten. Einer der Eingeborenen deutete auf seine Finger und sagte stolz: »Nulla villa tataruge dadalgo.« – »Wir haben so viele Schildkröten gefangen, wie ich Finger habe.«

Ich war froh, als wir diesen Ort nach zwei Tagen verließen, denn die Hitze nahm zu, je weiter wir nach Norden kamen. Der kahle Strand ohne einen Flecken Schatten schien die brennende Hitze der Sonne noch zu verstärken. Einen Tag später, am Morgen, warfen Jurić und ich uns in die Brandung, um Abkühlung von der sengenden Sonne zu finden. Unsere schwarzen Freunde folgten uns schnell. Da sie sich unseres Unwohlseins bewußt wurden, holten sie uns aus dem Wasser, legten uns auf ein kühles Stück Sand und gaben uns von Kopf bis Fuß eine wunderbar entspannende Massage. Egal wie gut diese Behandlung dem Körper tat, sie hatte eine äußerst wichtige Wirkung auf unser Gefühlsleben. Kaum ein Tag verging ohne eine Geste dieser Art; und sie berührten uns aus der Tiefe ihrer freundlichen Seelen. Meine Bewunderung für diese einfachen Leute wuchs weiter. Als mich Erinnerungen an unser »zivilisiertes« Leben, das nur wenige Monate zurücklag, zu beunruhigen begannen, fragte ich mich, wer hier eigentlich die »Wilden« waren.

Ein Tumult riß mich aus meinen Überlegungen. Laute, leidende Schreie kamen aus der Mitte des Stamms – die Schreie einer armen Mutter, die sich während der letzten Tage um ihr krankes Kind gekümmert hatte. Das unglückliche Kleine hatte seinen letzten Atemzug getan. Der Kummer und die Klage der trauernden Eltern wurden bald zum Kummer und zur Klage des gesamten Stamms. Alles andere stand dahinter zurück. Ein Eingeborener nach dem anderen umarmte die betroffenen Eltern tröstlich. Cialli, der Medizinmann des Stamms, zog sich in den Busch zurück. Als er wiederkam, waren sein Kopf und Oberkörper mit grünen Blättern, kleinen Ästen und Hölzchen bedeckt. Die Frauen baten ihn, er möge kommen und mit ihnen den viel zu frühen Tod des Kindes beklagen.

In der Zwischenzeit wurden Vorkehrungen für das Begräbnis getroffen. Die Eltern des toten Kindes warfen die Fische, die sie von einem wertvollen Fang übrigbehalten hatten, ins Meer zurück. Ich hielt das für ein Opfer oder ein Zeichen ihrer Trauer. In der Nähe wurde ein großes Feuer entzündet, das schon bald zu einem tiefen Bett glühender Kohle wurde.

Irgendwie fühlte ich, was geschehen würde, obwohl kein Wort gesprochen wurde. Die Kindsleiche wurde oben auf die schwelenden Kohlen gelegt. Wir versammelten uns alle um das Feuer. Schnell und geheimnisvoll wurde mir deutlich, daß es sich hier nicht um eine Verbrennung handelte. Der Kleine wurde für ein grauenvolles Mahl geröstet.

Es begann damit, daß man dem Vater, der allein auf einen nahegelegenen Hügel geklettert war, die erste Portion anbot. Als nächstes servierte man der Mutter, während wir anderen um die ausglühenden Kohlen saßen. Jeder bekam ein Stück, bis der kleine Körper völlig verspeist war.

Nach dem Mahl sammelte man voller Verehrung die Knochen in einem religiösen Ritual. Ich nahm an der Zeremonie teil, ohne das geringste Zögern oder auch nur einen Gedanken an die Ungeheuerlichkeit dessen zu verschwenden, was hier geschah. Die Tatsache, daß ich von den Eingeborenen automatisch miteinbezogen worden war, verdeutlichte mir das Band von Brüderlichkeit, das zwischen uns existierte. Es schien, als habe ich ein ebenso großes Verlangen zu trösten, wie die Eltern danach, getröstet zu werden. Und als ich an jenem Abend an den kargen Stränden des Indischen Ozeans an diesem Ritual teilnahm, empfand ich es als etwas Wundersames und Geheimnisvolles. Ich war Teil einer sehr ernsten Handlung, die ich nicht ganz verstand, von der ich aber wußte, daß sie völlig angemessen war.

Am nächsten Morgen erhob sich der trauernde Vater und führte den Stamm in völliger Stille auf seinem Marsch weiter nach Norden an. Gegen Ende des Tages rastete die Gruppe nicht weit vom Strand in einer niedrigen Mulde mit vielen Muscheln, die die Wellen dort zurückgelassen hatten. Die Eingeborenen sammelten die Muscheln, zerbrachen und mahlten sie zu einem feinen weißen Puder, den sie mit Wasser mischten. Die dicke Paste wurde über Gesichter, Arme und Brüste der Eltern des toten Kindes geschmiert, bis sie abscheulich weiß waren. Dann bestrich sich der Rest der Eingeborenen mit Ausnahme der verheirateten Frauen mit der Paste, diese mischten sie nur in ihre Haare. Aber das war noch nicht das Ende der Zeremonie. Während der nächsten zehn Nächte standen alle verheirateten Frauen kurz vor Sonnenaufgang auf und versammelten sich um die trauernde Mutter, um zusammen mit ihr Klagelieder anzustimmen. Darunter war die schönste, und herzzerreißendste Totenklage: »Caibiri gogoj curi.« – »Oh Kleines, kehre zu mir Unglücklicher zurück.«

Mehrere Tage nach dem Totenmahl wurde ich von Zweifeln über mein Verhalten heimgesucht, besonders als ich mich an meine religiöse Erziehung erinnerte. Kannibalismus ist ein Sakrileg, die schlimmste aller Sünden. Ich konnte mich jedoch nicht an den Grund erinnern, warum die christliche Kirche lehrte, wir sollten regelmäßig den Körper und das Blut Christi verzehren. Dennoch nahm ich mir vor, mich in Zukunft europäischen Traditionen gegenüber loyal zu verhalten.

Wenig später gelang einem tapferen Jäger, mit Steinen einen wilden Hund zu erlegen. Während am nächsten Tag die Männer fischten, rösteten die Frauen den Hund für das Abendessen. Weil mir das immer gleiche Essen aus Schildkröten und Fisch langweilig wurde, bat ich sie um eine kleine Portion. Nicht nur verweigerte man sie mir, man jagte mich mit Gewalt fort. Als die Fischer zurückkehrten, beschwerte ich mich bei ihnen über den Vorfall. Sie erklärten mir ruhig: »Vacballa mira vangia bagialgo!« – »Weiße Männer essen keine Hunde!«

Exmouth

Am nächsten Tag, dem 4. April, wurde der Marsch nach Norden wieder aufgenommen. Wir gingen in kleinen Gruppen drei volle Tage und schliefen kaum. Am dritten Tag wendeten wir uns nach Osten und gelangten im Inland an eine einladende Grasebene. Der Boden, von kürzlich gefallenem Regen noch naß, erschien uns wundervoll kühl unter den Füßen. Als wir höheren Grund erreichten, sahen wir plötzlich vor uns im Osten den Ozean. Da wurde mir klar, daß das Nordwestkap in Wirklichkeit eine Halbinsel war, die an ihrer nördlichsten Spitze das Kap bildete. Wir gingen zum gegenüberliegenden Ufer unterhalb der Spitze und gelangten an einen angenehmen Ort, den die Eingeborenen Bundegi nannten.*

Nach fast einer Meile, noch bevor wir das östliche Ufer erreichten, gelangten wir an einen großen Brunnen. Er schien tiefer als die vorherigen Brunnen, war behutsamer gegraben, und seine Öffnung war mit Stöcken und Ästen geschützt worden. Einen unerwarteten Anblick bildete ein umgedrehtes Faß, das in die Öffnung gesteckt worden war, um sie zu bedekken. Ich hielt das mit Sicherheit für die Arbeit weißer Männer,

* Neuere Karten verzeichnen an dieser Stelle im Golf von Exmouth, etwa dreizehn Meilen südlich der nördlichen Spitze der Halbinsel, das Bundegi Riff, eine drei Meilen lange Formation, die etwa drei Meilen vor der Küste liegt.

und diese Anzeichen der Anwesenheit von Weißen ermutigten mich. Zu jener Zeit waren nur drei oder vier Stammesmitglieder bei mir. Im Chor erklärten sie mir: »Nulla vac-balla, Carcara villa babba.« Die Erwähnung von *Carcara* interpretierte ich als europäische Ansiedlung, deren Bewohner den Brunnen gegraben hatten.*

Jurić, unterwegs mit einer anderen Gruppe, war am westlichen Ufer entlanggegangen und überquerte die Halbinsel nur unwesentlich unterhalb der Spitze des Kaps [Punkt T]. In der Nähe der nördlichen Landzunge lag das Wrack eines sehr großen Schoners hoch auf dem Riff und nicht weit vom Ufer entfernt. Es schien kein altes Wrack zu sein, denn es war noch nicht sehr verwittert. Am Heck stand sein Name *Fairy Queen – Singapore***. In fast geordneten Haufen lagen große Mengen von Wrackteilen am Strand – sehr viele Kokosnüsse, leere Flaschen, zerbrochene Kisten, Schiffsgerät und ein gewaltiger rostiger Anker mit einem Stück Kette. Jurić hatte die Eingeborenen über diese merkwürdige Ansammlung von Bergungsgut befragt und unter erheblichen Schwierigkeiten schließlich verstanden, daß die Weißen die Eingeborenen

* *Carcara* ist wahrscheinlich nichts anderes als eine andere Schreibweise für *Karakatta*. Dies ist der Eingeborenenname von Mount Eliza und seiner Umgebung bei Perth. Die Stammesmänner wiesen offensichtlich darauf hin, daß der Brunnen von Weißen aus Perth gegraben worden war (wörtlich: »Weiße Männer hier, Wasser wie in Perth«). Es kann kein Zweifel daran bestehen, daß der Brunnen das Werk von Männern aus den Städten war, die nach Norden gegangen waren, um entweder im Walfischfang oder im Perlentauchen ihr Glück zu machen. 1987 existierte der Brunnen immer noch, und auf neueren topographischen Karten ist er als Kapbrunnen verzeichnet und liegt etwa eine Meile vom Bundegi Riff entfernt im Landesinneren.

** Der Schoner *Fairy Queen* war vor nicht langer Zeit in Singapur erworben worden, um in den Perlgründen zu arbeiten. Im August 1875 lief er am Kap auf Grund. Es waren keine Menschenleben zu beklagen.

darum gebeten hatten, so viele Wrackteile wie möglich zu bergen, damit ein anderes Schiff den Ort später anlaufen könnte, um sie abzuholen und die Stämme für ihre Mühe zu entlohnen. Dies war erneut ein Hinweis darauf, daß es sich um ein Gebiet handelte, in dem Weiße und Schwarze zusammentrafen.

Igrana, ein Riese von einem schwarzen Kerl, nährte Jurićs Optimismus noch mehr, als er ihm sagte: »Minara Cialla gogoj Pulimandur vagaj, ciullu bagialgo ciugga turaggi bagialgo, thie bagialgo, coconagi bagialgo.« – »Schon bald kehrt Cialli zurück, und du wirst nach Pulimandur gehen und viel Zucker, Reis, Tee und Kokosnuß essen.« Jurić erinnerte mich aber daran, als er mir berichtete, daß wir es nicht wagen sollten, unsere Hoffnungen auf diese Worte zu bauen, denn er war davon überzeugt, daß die Eingeborenen von Überlebenden des Wracks sprachen, die offensichtlich unter völlig anderen Umständen als wir gerettet worden waren.

Wir kamen wieder zusammen, als die kleinen Gruppen sich in der Nähe von Bundegi [Punkt S] trafen und gemeinsam nach Süden zogen. Das beunruhigte mich, denn wir hatten so lange gekämpft, um an diesen nördlichsten Punkt zu gelangen. Ich befürchtete, es sei nicht weise, jetzt wegzugehen, angesichts so vieler Anzeichen für die periodische Anwesenheit von Weißen.

Aber damals hatten Jurić und ich großes Vertrauen zu unseren Freunden und glaubten fest daran, daß sie sich um unsere Rettung kümmerten. Deshalb gingen wir mit ihnen, ohne zu fragen oder zu protestieren. Die nächsten drei Tage waren schwer für uns beide. Der Busch und das Laub wuchsen bis dicht an das Ostufer hinunter, und es gab keinen sichtbaren Pfad. Dennoch wanderten Frauen mit Wasserkübeln auf ihren Köpfen genauso schnell wie die Männer. Wir konnten mit ihnen kaum Schritt halten, und wieder einmal wurden unsere Körper zerschnitten und zerkratzt. Es waren nahezu sechs Monate vergangen, seit wir an Land gekommen waren, aber an die harte Umgebung hatten wir uns immer noch nicht gewöhnt. Glücklicherweise gelangten wir am dritten Tag auf eine schöne Lichtung am Strand, und der Stamm rastete früher als sonst. Wir verbrachten zwei angenehme Ruhetage [Punkt U].

Während dieser Rast geschah etwas Merkwürdiges. Hier mußte das Wasser nicht aus stillen Brunnen sondern aus sprudelnden Bächen geholt werden, die zum Ufer strömten.* Die Aufgabe, Wasser zu beschaffen, schien gefährlich zu sein. Die Männer gestatteten den Frauen nicht, dieser sonst ihnen zufallenden Tätigkeit nachzugehen. Statt dessen holten während der zwei Tage, die wir dort blieben, nur die Männer Wasser. Sollte es wahr sein, daß diese wilden Männer auch irgendwie galant waren?

Am 12. April befanden wir uns wieder auf dem Marsch. Diesmal mußten Jurić und ich Wasserkübel auf unseren Köpfen tragen. Diese Aufgabe fiel uns nicht leicht. Sofort kam Vallero, ein ungewöhnlicher Schwarzer, der niemals arbeitete, mir zu Hilfe. Er befreite mich von dem schweren Gefäß und trug es leicht für den restlichen Tagesmarsch unter seinem gewaltigen Arm.

Vallero war eine außergewöhnliche Person. Er war so groß, daß der nächstgrößte Mann im Stamm ihm kaum bis an die Schulter reichte. Sein Körper war in jeder Beziehung gewaltig, und er hatte nicht dieselben Proportionen wie die anderen Eingeborenen. Seine Brust war so groß, daß er mit den Frauen in Wettstreit treten konnte, und sein gewaltiger Bauch hing

* Offensichtlich hatten Regenschauer in den Höhenlagen der Hügel im Westen die sonst trockenen Bachbetten gefüllt. Solche Bachbetten kommen in dem Küstenstück zwischen Bundegi und der Bay of Rest häufig vor.

ihm über die Hüften. Es gab noch andere Eigenarten, die darauf hinwiesen, daß er einer anderen Rasse angehörte. Er hatte weder einen Bart, noch verfügte er über andere Körperbehaarung, und das Haar auf seinem Kopf war sehr stopplig. Er sah keinem der Mitglieder der anderen drei Stämme ähnlich. Ich schätzte sein Alter auf vierzig Jahre. Der gesamte Stamm verehrte ihn und behandelte ihn mit gewisser Ehrfurcht. Jeder bediente ihn, und man wies ihm nie Pflichten zu. Ich vermutete, daß er, genau wie wir, vor vielen Jahren ein Schiffbrüchiger gewesen sein könnte. Vielleicht war er Afrikaner, ein Sklave und im Dienst eines Schiffes oder stammte von einem Stamm in Neuguinea ab, Menschen, die Afrikanern in Größe und Aussehen gleichen.

Unser Stamm war an jenem Morgen noch nicht lange unterwegs, als einige Fährtensucher einen Schrei ausstießen, der die marschierende Reihe hinauf und hinunter erscholl: »Tanik-balla jurogaja!« – »Das Schiff nähert sich!« Das genügte! Jurić und ich rannten zum Ufer, um zu sehen, was geschah. Cagiaro, einer der ältesten Männer, war schon auf einen der nahen Hügel geklettert und hatte ein gewaltiges Feuer angezündet, das man sicher meilenweit sehen konnte. Viele von uns kletterten ebenfalls den Berg hinauf, um uns um den alten Mann zu scharen. Bewegungslos standen wir da und starrten in der Hoffnung auf den Horizont, den lang herbeigesehnten Anblick zu sehen. Und dort, am Nordende vom Golf von Exmouth, mit bloßem Auge kaum auszumachen, segelte eine vollaufgetakelte Schaluppe! Ich frage mich, was ein Schiff von Weißen in dieser abgelegenen kargen Gegend suchte, wo es nichts weiter gab als Korallenriffe und gefährliche Untiefen zwischen Riffen und Ufer. Und als hätte es meine Gedanken gelesen, wandte sich dieses Schiff seewärts und vermied jeden Kontakt mit dem Golf. Minuten wurden zu Stunden, während

Jurić und ich die Qualen des Tantalus erduldeten. Aber sobald feststand, daß das Schiff die Spitze des Kaps umrundete und in den Indischen Ozean lief, brachen wir beide in laute Schreie, Flüche und Verwünschungen aus. Dieser für uns unübliche Ausbruch verdeutlichte, wie schmerzhaft und enttäuschend unsere Verzweiflung war. Die Eingeborenen blieben wie immer ihrem Charakter treu und trösteten uns wieder einmal mit ihrer Zuneigung, mit beruhigenden Worten und Gesten.

Inzwischen ging mir ihr ständiges Erwähnen von Cialli und Pulimandur auf die Nerven. »Minara Cialli daghi Pulimandur vagaj.« – »Schon bald kehrt Cialli zurück, und ihr werdet nach Pulimandur gehen.« Ich versuchte die Reden meiner Freunde zu ignorieren, um ihnen keine Antwort zu geben, die ich später einmal bereuen könnte. Und es war gut, daß ich solch einfache Selbstkontrolle übte, denn schon bald sollte ich die Bedeutung all dieser seltsamen Wörter verstehen. *Pulimandur* war ihre Ausspracheversion von Fremantle, dem größten Hafen an der Westküste. Ebenso war das oft wiederholte *Cincin* Tien Tsin*, der nächste Hafen an der Nordküste, etwa einhundert Meilen im Osten. Aber selbst nachdem das klar war, konnte ich mir keinen Reim auf *Cialli* machen. Was konnte es sein? Wo lag das? Ich begriff die Bedeutung nicht. Es war der Name unseres zukünftigen Retters und das Beste, was die Eingeborenen aus dem Namen *Charlie* machen konnten.

Jurić hatte sich nicht unter Kontrolle, als wir hilflos zusahen, wie das kleine weiße Schiff verschwand. Eine Frau schlich sich von hinten an ihn heran und schöpfte Wasser aus seinem Kübel. Mein verzweifelter Schiffskamerad griff sich, ohne nachzudenken, einen flachen Speer als Waffe und schlug

* *Tien Tsin* hieß später *Cossack* und ist jetzt eine Geisterstadt, in der vielleicht noch zwei oder drei Häuser stehen.

der Frau so wütend auf Kopf und Schultern, daß sie zu Boden fiel. »Mein Gott, was hast du getan!?« schrie ich. Es war eine fürchterliche Tat, und mir fiel sofort die Bestrafung ein, die auf solchen Frevel stand. Die eingeborenen Männer sammelten sich schnell um uns, um Zeugen des Vorfalls zu hören.

Jurić erhielt sonderbarerweise keine andere Bestrafung als wortlose, schmerzende Blicke. Den ganzen Rest des Tages hindurch und während der Nacht quälten mich Gedanken an den Vorfall. Ich meinte, wir müßten uns entschuldigen und um Vergebung bitten, und konnte nicht einmal mehr einen Gedanken an das Schiff oder die Aussicht auf Rettung verschwenden, wissend, daß wir unsere Freunde und Versorger ernstlich beleidigt hatten.

Mein verzweifeltes Brüten muß offensichtlich gewesen sein. Sehr früh am nächsten Morgen trafen sich mehrere Männer und Frauen, unter ihnen auch meine engsten Freunde, um uns zu unserer Demütigung zu erklären, daß man Frauen zwar ärgern, daß man Spielchen mit ihnen spielen, ja, sie selbst verfluchen könne, aber niemals körperliche Gewalt benutzen dürfe – eine Lektion im Benehmen in der Wildnis. Und dann war alles vergeben und vergessen. Der Vorfall wurde nie wieder erwähnt.

Einige Tage später, um exakt zu sein, am 15. April, beobachtete ich wieder besessen den Horizont. An jenem Tag ließen meine Augen keinen Augenblick von der See. Plötzlich erblickte ich ein Segel und rannte mit der guten Nachricht zu Jurić. Aber er war in letzter Zeit sehr gleichgültig geworden und fand an dieser neuesten Sichtung noch nichts Hoffnungsvolles. Dennoch rannten wir beide zum Strand, in der Hoffnung, wir könnten gerettet werden. Jedoch bereiteten wir uns innerlich auch diesmal auf die Möglichkeit vor, eine traumatische Enttäuschung zu erleben. Ich bin mir sicher, daß jeder unsere Erregung spürte, als das kleine Boot direkt auf den Strand zuhielt. Besonders die Frauen brachen in freudiges Geschrei aus, sie umringten und überschütteten uns mit liebevollen Berührungen und umtanzten uns wild. Dies war bestimmt nach all dem langen Warten unser Retter. Aber wieder einmal sollte es nicht sein. Das Schiff stampfte bis auf zwanzig Meter heran, und wir konnten schon vorher sehen, daß es recht klein war, vielleicht acht Meter lang. Es war vollbeladen mit Leuten. Alles Eingeborene. Kein einziger Weißer war darunter. Zwei oder drei von den Schwarzen waren mit Hemd und Hose bekleidet – ein sicheres Zeichen für einen engeren Kontakt mit der Welt, in die wir uns wieder eingliedern wollten.

Die Eingeborenen gehörten zu einem dritten Stamm, dessen Land im Osten des Golfs von Exmouth lag. Sie waren hierher zu einem weiteren von allen Stämmen gebrauchten Treffpunkt gereist [Bay of Rest, Punkt V] und hatten große Mengen Essen, etwas Tabak und ein paar europäische Kleidungsstücke dabei. Der Stamm landete und verstaute seine Mitbringsel bei den Dingen der beiden anderen Stämme. An der allgemeinen freudigen Erregung war leicht abzulesen, daß ein weiteres Fest bevorstand.

Ich konnte mich für die Festlichkeit nicht begeistern, denn ich war über diese weitere »falsche Rettung« zu enttäuscht, und in meinem Kopf wuchs eine endlos lange Liste von Fragen, die ungefragt und unbeantwortet blieben. Dieser Stamm mußte vor kurzem noch Kontakt mit Weißen gehabt haben. Das Boot, die Kleidung und eine Vielzahl anderer Hinweise verlangten sichtlich, erklärt zu werden. Aber es ergab sich keine Gelegenheit, mit den Neuankömmlingen zu sprechen. Ich mußte mich mit einer Einladung zufrieden geben, am folgenden Morgen einen Bootsausflug zu einer Insel [Punkt Z] im Norden des Kaps zu unternehmen. Mein engster Freund,

Gjaki, vier weitere Männer aus dem nördlichen und südlichen Stamm – Tondogoro, Tairo, Michi und Naman – und zehn Männer des neuen Stamms würden auch mitkommen.

Im Rückblick erwies sich der Ausflug als verrückt, aber das Unternehmen war zu attraktiv, um nicht daran teilnehmen zu wollen. Im Morgengrauen liefen wir in der Absicht aus der Bay of Rest aus, die vierzig Meilen bis zu der Insel im Norden schnell zurückzulegen. Der offizielle Name der Insel war Muiron, aber die Eingeborenen nannten sie einfach »Island« (»Insel«, Anm. d. Übers.). Dies geschah zweifellos nach dem englischen Wort, das sie gehört haben mußten. Der Wind blies uns während des ganzen Wegs ins Gesicht, und aus einer Fahrt von sechs Stunden wurde ein ganzer Tag. Als wir kurz vor Sonnenuntergang die Insel anliefen, konnte ich sehen, daß es entlang der Ostküste keine Häfen oder Buchten gab. Das Riff war keine hundert Meter vom Strand entfernt, und als wir daran entlang segelten, um nach einem sicheren Weg an die Küste zu suchen, sprangen bis auf einen alle Eingeborenen über Bord, schwammen an Land und ließen Jurić und mich mit dem Steuermann, der überdies ein Krüppel war, allein. Meine erste Angst verflog bald, denn ich hatte gelernt, die Weisheit dieser Leute nicht zu unterschätzen. Sie wußten genau, was zu tun war, und sicher waren sie nicht zum ersten Mal hier. Nach weniger als einer Meile fanden wir eine enge Durchfahrt durchs Riff, und es gelang uns, das Schiff auf den Strand zu setzen, es zu sichern und zurückzueilen, um die anderen zu treffen.

Ich war jetzt sehr froh über die Einladung und wollte nun trotz meiner schlechten Laune dabeisein. Die Insel war wie eine andere Welt. Ich fragte mich, wie es möglich war, daß sie sich so sehr von der Halbinsel unterschied. Es gab hier keine sandigen Wüsten oder ausgetrockneten Ebenen – nichts als kühles grünes Gras, dicke Büsche und dichte Vegetation vom Strand bis auf die Gipfel der Hügel hinauf. Und was für wundervolle Geräusche aus den umliegenden Büschen kamen! Es war der Gesang von Tausenden von schönen Vögeln, die man auf dem Festland kaum sah. Sowohl angenehm als auch schmerzlich erinnerte es mich an meine eigene Heimat an der Adria.

Die Insel war klein, vielleicht sieben Meilen lang und zwei breit und bestand zum größten Teil aus flachem Land und einigen lieblichen Hügeln in der Mitte. Das Klima war anders als auf dem Festland. Die Luft war viel kühler und feuchter. Die Nacht stellte sich sogar als unangenehm kalt heraus, und am nächsten Morgen bedeckte dicker Tau die gesamte Insel.

Vor dem Dunkelwerden blieb noch genügend Zeit, um Nahrung zu suchen – der eigentlich Grund für die Fahrt. Schildkröteneier gab es so viele, und sie waren so einfach zu finden, daß wir schnell Hunderte gesammelt hatten und unsere Aufmerksamkeit auf etwas Besonderes richten konnten: wilde Tauben. Sie waren sehr schön. Auf ihren Köpfen saßen dichte Hauben pechschwarzer Federn, und ihre Flügel waren schwarz und gold gestreift mit weißen Spitzen an den Enden. Der Oberhals war eine Mischung aus warmen, hellen Farben, die Brust beige und die Augen leuchteten hellrosa.* Die Jagd wurde auf den nächsten Tag verschoben. Wir verzehrten ein leichtes Abendessen aus Schildkröteneiern und legten uns früh schlafen. Am folgenden Morgen sollten Jurić, der verkrüppelte Mann und ich am Lagerfeuer bleiben, um es zu unterhalten, während die anderen sich auf die Suche nach Tauben, Schildkröteneiern und natürlich auch Schildkröten mach-

* Eine sehr genau Beschreibung dieser Taube *(Ocyphaps lophotes)*, die sich im vergangenen Jahrhundert recht gut an die Lebensbedingungen in einigen der urbanen Gegenden Australiens gewöhnt hat.

ten. Es tat mir leid, daß ich nicht dabeisein konnte, denn ich hätte zu gern gesehen, mir welcher Geschicklichkeit die Eingeborenen diese flüchtigen Vögel fingen.

Die Jäger kehrten beladen mit einer erstaunlichen Menge verschiedener Vögel, vielen Fischen, Schildkröten und Eiern zurück. Offensichtlich war die Jagd hier wegen der einsamen Lage der Insel und den nur gelegentlichen Besuchen der Eingeborenen einfach. Es war das Segelboot, das all das verändert hatte, und ich fragte mich, wie lange es dauern würde, bis Muiron Island wie das Festland wäre, wo die Eingeborenen so hart arbeiten mußten, um Nahrung zu sammeln oder zu fangen.

Einige der Männer konnten nicht warten, bis wir zum Festland zurückgekehrt waren, und begannen schon mehrere der selteneren Delikatessen zu rösten. Andere zogen ihren Fang zum Boot und einige Männer kletterten auf den höchsten Hügel und entzündeten ein Feuer, um den Stämmen am Festland unseren Erfolg zu signalisieren und die Rückkehr anzukündigen. Jurić und mir gelang es, das Schiff an die Stelle zurückzubringen, an der die Männer zuerst an Land geschwommen waren, und in kürzester Zeit schon war es völlig überladen. Es war das erste Mal, daß ich Überfluß sah: Fünfzehn Schildkröten und viele Eier mußten am Strand zurückgelassen werden. Das ärgerte mich. Die Einführung des Segelboots hatte etwas Böses in das Leben dieser Menschen gebracht. Etwas, auf das sie nicht vorbereitet waren und mit dem sie nicht umgehen konnten. Auf dem Festland wurde nicht ein einziger Bissen verschwendet.

Der Rückweg war viel kürzer, nur neun oder zehn Meilen bis zum nächstgelegenen Punkt der Halbinsel, in der Nähe des Nordwestkaps [Punkt T], wo Jurić zum ersten Mal den östlichen Strand erreicht hatte. Das kam uns sehr gelegen, denn die

See war unruhig und der Wind stark, und es wurde sehr schnell schlimmer. Die fehlende Erfahrung der Eingeborenen kam erschwerend hinzu. Das kleine Schiff legte sich gefährlich auf die Seite. Die Eingeborenen verschwendeten keinen Gedanken daran, das Segel zu reffen – vielleicht wußten sie es auch nicht besser. Jurić und mir gelang es, die Segel angemessen kurz zu halten und somit ein Bocken oder Kentern zu verhindern. Wir kamen kurz nach Sonnenuntergang an und konnten noch eine Gruppe von Menschen am Strand ausmachen, die auf unser Eintreffen wartete. Es schien, als hätten alle drei Stämme unser Signalfeuer gesichtet und sich auf den Weg zur Spitze des Kaps begeben. Insgesamt versammelten sich dort, uns auf dem Boot eingeschlossen, einhundertsechzig Personen. Das war die größte Ansammlung, die ich bis dahin gesehen hatte.

Als wir auf den Strand zuliefen, wateten uns viele im Wasser entgegen. Das Boot raste viel zu schnell auf das Ufer zu. Es geriet außer Kontrolle, denn der Wind frischte sehr abrupt auf. Ich befürchtete, die Leute im Wasser könnten verletzt werden, ja betrachtete es fast als unvermeidbar. Aber der Steuermann riß etwa vierzig Meter vor dem Ufer das Steuer herum und wendete abrupt, stellte sich gegen den Wind, und wir landeten sicher, ohne daß Personen, Ladung oder Schiff Schaden nahmen. Es dauerte nicht lange, bis das Boot entladen war. Kaum waren wir Seeleute ans Ufer getreten, als die Frauen uns schon frisches kühles Wasser anboten. Auf der Insel gab es kein Wasser, und wir hatten nur einen kleinen Vorrat mitgenommen. Das Wasser reichte auch für Jurić und mich. Als das Fest begann, legten wir uns schlafen. Die drei Stämme begannen sich an den Delikatessen der Insel zu erfreuen. Die wilde Orgie dauerte, bis der Wind zu einem heftigen Sturm anschwoll und den Feierlichkeiten ein Ende bereitete. In der Nacht geschah ein unglücklicher Unfall. Das Boot wurde aus seinen unzureichenden Vertäuungen gerissen und gegen die Felsen geworfen. Ein großes Leck in der Nähe des Kiels ließ das Schiff sinken. Die Eingeborenen baten Jurić, das Boot zu reparieren, denn es war für ihre Reisen entlang der Küste unverzichtbar geworden. Aber es war unmöglich. Es standen keine richtigen Werkzeuge oder angemessenen Materialien zur Verfügung, um eine solch schwierige Aufgabe zu lösen. Jurić mußte sich verstecken, um zu vermeiden, daß die Eingeborenen ihn für unwillig hielten, ihnen zu helfen.

Rettung

Am Morgen des 17. April, nach dem gewaltigen Sturm und dem Unglück mit dem Boot der Eingeborenen, weckte mich Jurić: »Wach auf, Miho!« rief er aufgeregt. »Wach auf! Ich hatte letzte Nacht einen wunderbaren Traum. Heute werden wir gerettet!«

Ich reagierte sarkastisch auf ihn, da er bis heute stets skeptisch und negativ war: »Jetzt glaubst du also schon an Träume? Erzähl ihn mir.«

»Ich träumte, daß ein starker und strenger Engländer an diese Küste kam und uns mit seinem Schiff in die Zivilisation brachte.«

»Wie dumm!« sagte ich. »Weißt du denn nicht, daß wir immer das träumen, was wir uns wünschen, besonders wenn die Wünsche unmöglich sind? Was du geträumt hast, trifft natürlich nicht ein!«

»Du hast ja recht«, schluchzte er und brach in Tränen aus. Ich begann auch zu weinen und wunderte mich, wieso ich ihm so altklug geantwortet hatte. Aber uns blieb nicht viel Zeit für weiteres Selbstmitleid, denn unser Teil des Stamms ging die kurze Strecke nach Süden zum Brunnen von Bundegi, dorthin, wo wir zum ersten Mal an die Ostküste gelangt waren. Wir wollten dort den ganzen Tag und vielleicht auch die Nacht verbringen. Als wir ankamen, nahmen wir umgehend unsere tägliche Nahrungssuche auf. Jeder tat seine Pflicht ohne Plan oder vorherige Absprache. Der alte Bengo, der normalerweise seine Zeit damit verbrachte, Netze zu knüpfen, brach die Stille und sagte laut: »Tanic-balla Cialli komin!« – »Der Schiffmann Cialli kommt!«

In den letzten drei Wochen waren meine Hoffnungen dreimal angestachelt worden, um dreimal enttäuscht zu werden. Trotzdem konnten wir unserem Verlangen nach Rettung nicht widerstehen. Und wieder, obwohl ich mich für verrückt hielt, rannte ich zum Strand hinunter, um nachzuschauen, was Bengo gemeint hatte, und zu meiner Überraschung sah ich eine schmucke Schaluppe, die in etwa einer Meile Entfernung genau auf den Strand zuhielt. Sie war blendend weiß und glänzte, als sie sich in dem hellblauen Wasser sachte hob und senkte. Das Schiff war getrimmt wie ein Kutter. Es war die Art von Boot, die man wegen ihrer Beweglichkeit oft als Lotsenboot einsetzte. Der einzige Mast stand mittschiffs. Er hatte einen langen Bugspriet, um mehrere Focksegel zu halten. Ich konnte sehen, daß das Deck nicht sehr breit war; das Schiff machte sicher gute Fahrt.

Mein Kopf summte in der schnellen Abfolge verschiedener Gedanken – Zivilisation, nach Hause, Essen, Kleidung, Familie! Schnell jedoch fand ich meine Haltung wieder und schickte einen der Männer los, um Jurić zu finden, der mit einer kleinen Gruppe fischen gegangen war. Dann kletterte ich auf den nächstgelegenen Hügel und versuchte, die Aufmerksamkeit der Besatzung auf mich zu lenken.

Die Eingeborenen versicherten mir, daß das Schiff in jedem Fall anhalten würde: »Minara Cialli gogoj nulla!« – »Charlie kommt bald schon hierher!«

Meine Erfahrungen hatten mich gelehrt, nicht alles für bare Münze zu nehmen, was sie sagten, egal, wie gut sie es meinten. Darum ließ ich kein Auge von dem Schiff und entspannte mich nicht. Langsam schwang der Bug seewärts, und das Schiff begann, sich von der Küste wegzubewegen. An die Enttäuschung, die ich fühlte, erinnere ich mich noch gut.

»Minara gogoj!« – »Es kommt bald zurück!« behauptete mein mir am nächsten stehender Freund fest. »Mira gogoj!« – »Es kommt nicht zurück!« schrie ich wütend.

Inzwischen war Jurić gekommen, und wir richteten aufgeregte Fragen an die Eingeborenen. Uns schien, daß sie sich gegen uns verschworen hatten, um uns wieder leiden zu sehen. Mit derart aufgewühlten Gefühlen war es nicht schwer, sich so zu verhalten. Aber wie ruhig und freundlich blieben ihre Antworten. Sie sagten, das Schiff würde immer anhalten. »Vacballa gudara, bulac-balla gudara, sandi tobi nulla kughi cinaman.« – »An Bord sind zwei weiße Männer, zwei Eingeborene und ein chinesischer Koch.« Ich deutete diese Details so, daß das Schiff zwei Eingeborenen gehörte, die zwei Weiße bei sich hatten, wahrscheinlich zwei arme Schiffbrüchige wie wir selbst.

In der Zwischenzeit hatte der Kutter zwei Schlag gegen den Wind gedreht und lief im weiten Bogen auf eine Einfahrt im Bundegi Riff zu. In kürzester Zeit schwenkte er herum und ankerte. Die Segel waren immer noch oben, wenn auch schlaff. Als ich sah, daß achtern ein kleines Boot zu Wasser gelassen wurde, brach ich in Begeisterungsschreie aus.

Als sich das Boot dem Land näherte, konnte ich immer noch nicht glauben, was für die Eingeborenen so natürlich schien. Jurić und ich rannten wild schreiend ins Wasser, dazu schwenkte ich meinen zerschlissenen Hut und er seine Kappe. Mein Freund Gjaki war an meiner Seite, und er erstaunte mich, als er sagte, wenn Cialli einmal an Land sei, nähme er Jurić und mich zusammen mit zwei besonders dafür ausgewählten Männern, Tondogore und Cincigo vom zweiten Stamm aus dem Norden, mit nach Tien Tsin oder Pulimandur. Das Wasser war wunderbar ruhig, als das Beiboot auf den Strand zulief. Genau wie die Eingeborenen es gesagt hatten, kamen zwei weiße und zwei schwarze Männer. Die beiden Weißen zogen wahrscheinlich als Vorsichtsmaßnahme, um sich gegebenenfalls gegen die große Menge Eingeborener mit zwei halbverhungerten sonnenverbrannten Weißen in ihrer Mitte schützen zu können, ihre Revolver.

Als sie an Land kamen, schauten sie uns voller Verwunderung von oben bis unten an: zwei ausgemergelte Jungen voll roter und brauner Hautflecken, mit unordentlichem Haar, das seit sechs Monaten nicht mehr geschnitten worden war. Ich war nur mit den Überresten dessen bekleidet, was einmal eine lange Unterhose gewesen war, und in der Hand hielt ich einen enorm großen und weichen Filzhut, das Geschenk von einem der vor kurzem eingetroffenen Eingeborenen. Jurić ging es kaum besser mit seinem zerlumpten Hemd über den Schultern, und in der Hand hielt er eine lächerlich unpassende Matrosenkappe, ein Überbleibsel der *Stefano*.

Wir zitterten, als die beiden Männer uns anstarrten. Der ältere von beiden kam mit ausgestreckter Hand und einem mitleidsvollen, etwas entsetzten Gesichtsausdruck auf uns zu. Er sprach einige ruhige Worte auf englisch.

»No speak English«, murmelte ich halb weinend. Die Tränen rannen, als wir uns schließlich die Hände schüttelten, und Freude erfüllte mein junges Herz wie nie zuvor. Freude war jetzt überall um uns herum zu spüren. Die Gesichter unserer eingeborenen Freunde waren ein Meer des Lächelns, als sie diesen wunderbaren Moment mit uns teilten. Der Engländer war so bewegt, daß auch er seine Tränen nicht zurückhalten konnte. In diesem traumhaften Moment sprang mir ein lateinischer Satz des Dankes vom Beginn der heiligen Messe, den ich in meiner Zeit als Meßdiener oft aufgesagt hatte, in den Kopf: »Introibo ad altare Dei. Ad Deum qui laetificat juventutem meam!« – »Ich trete an den Altar Gottes. Zu Gott, der meiner Jugend Freude gibt!«

Der Kapitän übernahm schnell das Kommando. Als er sprach, hörte jeder – Eingeborene und Mannschaft – zu, und man handelte sofort. Sein erster Befehl lautete, uns beide umgehend an Bord zu bringen. Sein Maat und die beiden schwarzen Besatzungsmitglieder luden Säcke mit Zucker für die Eingeborenen aus und brachten uns dann zum Kutter, während der Kapitän mit den Stämmen an Land blieb. Der Kapitän erließ an den Koch den Befehl, uns außer etwas Brot und Wasser nichts zu essen zu geben, denn unsere Mägen mußten sich an die ungewohnte Nahrung erst wieder langsam gewöhnen.

Selbst der kurze Weg vom Land zum Boot war ein emotionaler Schock. Als wir vom Ufer abstießen, fiel mir auf, daß ich in meiner Hast und der überwältigenden Aufregung unseren schwarzen Rettern kein Wort des Dankes, nicht einmal Auf Wiedersehen gesagt hatte, keine Umarmung, keine Tränen – und dort im Wasser etwas abseits von den anderen stand mein schwarzer Bruder Gjaki und stierte trübselig zu uns herüber. Ich wollte aus dem Boot springen und zu ihm zurücklaufen und ihn umarmen, aber ich wagte es nicht. Zivilisiertes Verhalten gestattete das nicht, und ich befürchtete meine Retter dadurch zu beleidigen. Also versuchte ich, die liebenden Bande, die ich zu dem zärtlichsten, liebevollsten Freund, den ich in meinem jungen Leben kennengelernt hatte, aus meinen Gedanken und hoffentlich auch aus meinem Herzen zu verbannen. Das war mehr als ich schaffen konnte, denn ich war ja nicht mehr als ein Junge. Mein Geistes- und Gefühlszustand wurde dazu noch von einem häßlichen Gedanken verwirrt, der mir in den Kopf schoß. Weil ich im letzten halben Jahr ein solcher Unglücksrabe gewesen war, dachte ich, vielleicht ist das hier nur eine weitere Katastrophe. Vielleicht handelt es sich hier um ein Piratenschiff, und der Kapitän ist ein Sklavenhändler! Vielleicht war es noch nicht zu spät, zu meinen schwarzen Freunden, die ich kannte und denen ich traute, zurückzulaufen.

In diesem Moment stieß das Beiboot gegen den Rumpf des vertäuten Schiffes, und da las ich auf dem Achterbrett den in goldenen Buchstaben gefaßten Schiffsnamen: *Jessie, Fremantle, W.A.* Die Wahrheit unseres Glücks stand unumstößlich vor uns.

Das herzliche Willkommen des Kapitäns und seines Maats wurde von dem chinesischen Koch noch übertroffen. Er tat so, als hielte er sich an die Befehle des Kapitäns. Aber kaum waren der Maat und die Mannschaft an Land zurückgekehrt, als der Koch auch schon eine gewaltige Schale Reis und eine Platte mit gebratenen Fischfilets vor uns stellte. Es muß nicht erwähnt werden, daß wir alles sofort verschlangen.

An Land gab es einen Aufruhr, als der Kapitän, der Maat und die Mannschaft das Mehl und den Zucker verteilten. Die Eingeborenen stritten sich und kämpften um Dinge, die sie noch nie zuvor gesehen hatten. Sie konnten den Gedanken nicht ertragen, man könnte sie ihnen noch einen weiteren Moment vorenthalten. Der Kapitän verließ den Strand, denn er sah sich außer Stande, eine solch große Menschenmenge, die zudem noch aus drei verschiedenen Stämmen bestand, zu beruhigen. Wir hörten zwei Pistolenschüsse, als er auf halbem Weg zwischen Strand und Schiff war, und erfuhren später, daß sie in der Hoffnung abgefeuert worden waren, die zerstrittenen Parteien zu Verstand zu bringen. Als das Beiboot mittschiffs anlegte, standen wir an Deck, um unsere Wohltäter zu

Der Kutter Jessie während der Rettung in Bundegi. Der Text unter dem Votivgemälde besagt: »Ein ernstes Versprechen machten die beiden überlebenden Seeleute Miho Baccić aus Dubrovnik und Ivan Jurić aus Pelješac aus der Mannschaft der Bark Stefano unter dem Kommando von Kapitän Vlaho Miloslavić, die 1875 bei Point Cloates in Australien Schiffbruch

erlitt, unserer Gnädigen Jungfrau. Nach sechs Monaten langen schweren Leidens wurden sie am 18. April 1876 auf wunderbare Weise von dem englischen Kutter Jessie unter dem Kommando von Kapitän Charles Tuckey gerettet.« (B. Ivancović, Triest, 1877. Votivsammlung, Kirche der Gnädigen Jungfrau, Dubrovnik.)

begrüßen. Bei ihnen befanden sich Tondogoro und Cincigo, von denen die Eingeborenen mir schon früher erzählt hatten, daß sie mit Cialli führen. Ein wenig später sollten wir mehr darüber erfahren.

Kurz nachdem sie an Bord gekommen waren, ließ der Kapitän den Anker lichten und verließ den Golf von Exmouth in nordöstlicher Richtung nach Tien Tsin, dem Hafen an der Nordküste Australiens, den die *Jessie* vor nur einigen Tagen verlassen hatte. Unter Deck, als ich in der Wärme der Hauptkabine ruhte, dachte ich ausschließlich über den Kapitän nach. Wer war er nur? Ganz sicher war er der Cialli, den uns die Eingeborenen immer als unseren Retter prophezeit hatten. Wir sollten ihn bald als einen starken Mann kennenlernen, dessen rauhes, aber handsames Äußeres so passend sein abenteuerliches Leben vor den weiten Küsten dieses Landes widerspiegelte. Von der dauernden Sonne war er bronzefarben gebräunt, und das harte Leben eines Perlenfischers hatte ihn gestählt. Aber das waren nur die oberflächlichen Qualitäten einer Person, deren wirkliche Stärke und Schönheit in seinem Charakter und seiner Persönlichkeit zu finden waren. Vom ersten Augenblick unseres Zusammentreffens an wurde deutlich, daß er bis zur Selbstaufgabe großzügig war, und schon nach kurzer Zeit erlebten wir bei immer neuen Gelegenheiten, daß er ein wirklicher Hüter seines Bruders war – schwarzer und weißer Brüder ohne jede Unterscheidung. Später erfuhr ich, daß er in Mandurah in der Nähe von Fremantle geboren war. Seine Vorfahren kamen aus England. In den letzten Jahren hatte er sich der Perlenfischerei zugewandt, und die Nomadenstämme des Nordwestens kannten und schätzten ihn. Er stellte immer nur Eingeborene als Taucher ein und rotierte sie, damit eine möglichst große Menge das fachgerechte Tauchen erlernen konnte. Gewöhnlich nahm er von den örtlichen Stämmen bei jeder Fahrt zwei Männer mit zu den Perlengründen. Zuerst brachte er sie nach Fremantle, wo sie lebten, arbeiteten und eine Zeitlang bei ihm lernten. Wenn er sie zu ihren Stämmen zurückbrachte, hoffte er, daß die so gewonnenen Erfahrungen und ihr verändertes Bewußtsein ihnen dabei behilflich sein könnten, sich besser an die neuen Lebensbedingungen zu gewöhnen, die sich sehr schnell um sie herum bildeten. Die Stammesleute wählten auf eine mir unbekannte aber demokratische Weise ihre »Botschafter« schon lange vor Tuckeys Ankunft aus. Jetzt verstand ich auch, wie die Eingeborenen »weissagen« konnten, Tondogoro und Cincigo würden mit Jurić und mir nach Fremantle gehen.

Mißhandlungen an eingeborenen Perlentauchern, an Malayen wie Australiern, waren in jener Zeit wohlbekannt. Nach dem ehrlichen, väterlichen Aussehen von Charles Tuckey und seinen geringen Bedürfnissen zu urteilen, würde ich allerdings sagen, daß Berichte von Mißhandlungen hier sicher falsch und übertrieben waren. Angesichts der Anwesenheit der beiden Stammesmitglieder, die er gerade an Bord genommen hatte, war seine Sorge um sie offensichtlich.

Eine andere Eigenschaft dieses guten Mannes war seine aufrichtige Bescheidenheit. Egal wie oft wir unserem Dank für all das, was er für uns getan hatte und immer noch tat, Ausdruck verliehen, antwortete er ständig, daß er es war, der dankbar sein sollte, daß er die Gelegenheit erhalten hatte, in seinem Leben etwas Sinnvolles zu tun.

Mehr als einmal erinnerte er uns daran, wie unglaublich schicksalhaft unsere Auffindung durch ihn war und deutete damit an, sie sei vorbestimmt. Wir erfuhren, daß es sein Schiff *Jessie* gewesen war, das ich fünf Tage vor unserer Rettung, am Morgen des 12. April gesichtet hatte. Er hatte nicht geplant, auf dieser Fahrt im Golf von Exmouth zu halten, sondern war von Tien Tsin nach Fremantle unterwegs, als ich seinen kleinen Kutter das nördliche Ende des Golfs hatte durchqueren sehen, bevor er hinter dem Kap verschwand. Derselbe Sturm, der den Stamm traf, als wir Muiron Island verlassen hatten, hatte der *Jessie* zugesetzt und den Kapitän veranlaßt, in den Golf von Exmouth zurückzusegeln, um dort in der Nacht des 16. April Schutz zu suchen. Am Morgen des siebzehnten brachten sie das Beiboot an Land, um den Stämmen ihre überschüssige Verpflegung zu geben, und so entdeckten sie uns.*

Wegen der Aufregung des Vortags und der Verstopfung, verursacht durch die Großzügigkeit des Kochs, schliefen Jurić und ich sehr schlecht. Als Tuckey in der Nacht nach uns sah und unsere Leiden gewahrte, befahl er uns in weiser Voraussicht, wir sollten uns aus dem Komfort, den die geschlossene Kabine bot, nach oben aufs harte Deck begeben, mit nichts weiter als dem Sternenhimmel als Decke. Schon bald schliefen wir tief.

Bei den ersten Sonnenstrahlen des folgenden Morgens rief der Steuermann: »Segel voraus!« Kapitän Tuckey lief an Deck und sah einen Zweimastschoner, der von Tien Tsin nach Fremantle unterwegs war. Da Tuckey eine Nachricht über unsere Rettung vorausschicken wollte, lud er den Kapitän des

* Ein weiterer Bericht aus erster Hand über die Rettung wurde in den Memoiren von Hamlet Cornish aufgezeichnet (das Manuskript befindet sich in den staatlichen Archiven in Perth). Er wurde mit einigen merkwürdigen Abweichungen am 12. Juni 1979 im *The West Australian* veröffentlicht. Allerdings fügt es der Geschichte nur wenig Neues hinzu. Cornish war entfernt mit Tuckey verwandt und diente damals im Alter von einundzwanzig Jahren als Erster Maat an Bord der *Jessie*. Es war seine erste Fahrt nach Norden. Er gibt eine gute Beschreibung der Aktivitäten um das Perlentauchen und berichtet, sie hätten eine einträgliche Saison gehabt. Sie hatten fünfundzwanzig Eingeborene als Taucher angestellt, die sie gerade zu ihren jeweiligen Heimatgebieten entlang der Küste zurückgebracht hatten. Einige Jahre später wurde Cornish im Kimberley Distrikt ein Pionier der Viehzuchtindustrie.

Schoners zu uns an Bord ein. Der Besucher bot ihm an, eins von seinen Besatzungsmitgliedern zur Verfügung zu stellen, damit wir nicht nach Tien Tsin zurückmußten, um dort eine Hilfe anzuheuern. Mit vier neuen Passagieren an Bord war das nötig. Tuckey nahm das Angebot freudig an, lehnte jedoch den anderen Vorschlag ab, einen oder beide von uns Überlebenden zu übernehmen, um auf dem Schoner zurückzusegeln, damit der Kapitän unsere Abenteuer hörte und Tuckey weiter entlastet wäre. Tuckey antwortete: »Nein, nein, mein Freund. Es ist besser, die beiden nicht zu trennen, denn sie brauchen einander noch ein wenig länger. Sie haben zuviel zusammen durchgemacht.«

Man tauschte noch Proviant aus, und beide Schiffe nahmen Kurs auf Fremantle. Allerdings war der Schoner erheblich schneller. In der Nacht ankerten wir vor einer unbewohnten Insel im Westen des Dampier Archipels. Wir gingen nur an Land, um Brennholz für den Koch zu sammeln. Bei Tagesanbruch fuhren wir weiter.

Neun Tage vergingen ohne Unterbrechung, als wir wieder einmal das Nordwestkap umrundeten und nach Süden die Küste entlang segelten, immer in Sichtweite des Landes. In der Gegend um Point Cloates, fast genau dort, wo die *Stefano* gesunken war, trafen wir auf die australische Bark *Alexandra*, die in entgegengesetzter Richtung nach Tien Tsin lief. Die Geschichte der *Stefano* und die Anwesenheit der beiden Überlebenden wurden der *Alexandra* mit der Bitte mitgeteilt, diese Informationen nach Tien Tsin zu bringen. Wie sich herausstellte, wurde die Nachricht in dem Perlenhafen nicht eindeutig verstanden, und so wurde das Regierungsschiff *Victoria* umgehend startklar gemacht, um auf die Suche nach Überlebenden zu gehen.

Die Bergungsexpedition unter Leitung von Kapitän Walcott

lief den Golf von Exmouth an, und die Eingeborenen erklärten, daß die beiden einzigen Überlebenden bereits gerettet waren. Nichtsdestotrotz nahm die *Victoria* einen Eingeborenen mit an Bord und segelte um das Kap nach Point Cloates, wo sie unsere erste Lagerstätte in der Nähe von Camp Hill [Punkt B] aufsuchten. Nach ihren Berichten stand dort alles noch so, wie wir es zurückgelassen hatten. Natürlich fanden sie keine weiteren Überlebenden. Die *Victoria* brachte den Eingeborenen zu seinem Stamm zurück und machte sich auf die Heimreise nach Tien Tsin.

Unsere Fahrt die Küste hinunter stand unter einem guten Stern. Ich verbrachte die meiste Zeit damit, Tondogoro und Cincigo näher kennen und verstehen zu lernen. Der Koch hatte ihnen eine Menge Schildkrötenfleisch abgenommen, das sie mit an Bord gebracht hatten und stellte ihnen nun Speisen vor, die neu und seltsam für sie waren. Tondogoro verhielt sich immer noch sehr unruhig. Als er seine Leute verließ, weinte er unkontrolliert, und jedes neue Ereignis betrachtete er mit vor Staunen weit aufgerissenen Augen. Cincigo war geschliffener oder zumindest tat er so. Er lachte über die Fehler seines Partners, zog ihn auf, wenn er sich ängstigte und bot ihm ständig Ratschläge an. Ich dachte bei mir: »Wenn die nur wüßten, was noch alles auf sie zukommt!«

Am neunten Tag auf See liefen wir in die Shark Bay ein, eine große hafenähnliche Einbuchtung im Süden des Gascoyne River. Tuckey hatte mir mittlerweile erzählt, daß unsere Gruppe von zehn Überlebenden an der Mündung des Gascoyne River keine Siedlung vorgefunden hätte. Wenigstens hatte er noch nie von einer gehört, obwohl nicht auszuschließen war, daß in diesem kleinen Meeresarm gelegentlich ein Perlenboot Zuflucht suchte. Eine bessere Rettungschance hätten wir an der etwa zweihundert Meilen entfernten Mündung

Kapitän Charles Tuckey im Alter von etwa dreißig Jahren. Tuckey selbst gab dem jungen Baccić das Foto, und dieser hielt es sein Leben lang in hohen Ehren.

des Ashburton River im Nordosten des Unglücksorts gehabt. Tuckey sagte auch, daß die meisten Eingeborenen, die wir getroffen hatten, das wußten. In Shark Bay ankerten wir vor Dirk Hartog Island. Der größte Teil der Insel gehörte einem Siedler, der dort eine große Schafzucht unterhielt.*

Kapitän Tuckey war ein alter Bekannter der Familie, hatte sie jedoch in den letzten zehn Jahren nicht gesehen. Er war also verständlicherweise aufgeregt, als wir an Land gingen. Er nahm Jurić, mich, den Maat und die beiden Eingeborenen mit. Der Engländer und seine Familie schienen hocherfreut, den Kapitän nach einer so langen Zeit zu sehen, und es begeisterte sie, solch ungewöhnliche Gäste kennenzulernen. Jurić und ich wurden zusammen mit den Eingeborenen in die Gesellschaft der beiden Kinder der Familie gegeben. Sie führten uns durch das gesamte Haus und über das Land. Wir erklärten Tondogoro und Cincigo in ihrer Sprache jedes kleine Detail, das neu oder fremd für sie war. Es muß ein aufregender Tag für sie gewesen sein. Für mich war es ein Tag voller Zufriedenheit, denn die Zivilisation hatte mich wieder. Nach dem Mittagessen spielten wir eine Zeitlang englische Gesellschaftsspiele, und bei Sonnenuntergang verließen wir die Familie und die Insel.

Ein kleiner Zwischenfall unterbrach unsere Reise. Bei dem Versuch, eine Abkürzung um das Südende der Insel zu nehmen, liefen wir auf einer Sandbank auf Grund. Kapitän Tukkey, wie immer ruhig und beherrscht, schickte alle schlafen. Wir würden die Flut abwarten, von der wir wußten, daß sie in etwa acht Stunden kam. Sie kam wie nach Stundenplan, und mit starken Winden und gutem Wetter liefen wir am 5. Mai 1876 in Fremantle ein – endlich in Pulimandur!

* F.L. von Bibra unterhielt auf der Insel die Nutzungsrechte, und auch er beteiligte sich an Perlen- und Seefahrtsgeschäften.

Fremantle

Fremantle war eine kleine Stadt an der Mündung des Swan River. Sie hatte etwa 2500 Einwohner. Die eigentliche Stadt bestand aus vielleicht vierhundert Häusern, die auf typisch englische Weise im geometrischen Gitternetz von Norden nach Süden und Osten nach Westen angeordnet waren. Im Süden befand sich eine lange Landungsbrücke mit einem großen Positionslicht, um den Schiffen zu helfen, die unterseeischen Felsen zu umfahren. Ein Leuchtturm lag in der Nähe der Flußmündung, ein weiterer stand zwölf Meilen entfernt auf Rottnest Island. Der Hafen war sehr gut ausgebaut.

Die Geschichte unseres Schiffbruchs und unserer Rettung war uns vorausgeeilt, und am Anlegesteg war eine große Menge von Menschen, die uns erwarteten. Für den armen Tondogoro war die Aufregung zu viel – so viele Schiffe, hunderte von Häusern, und vor allem, so viele Menschen. »Suogaja ciullu vac-balla!« – »Was für eine große Menge von Weißen!«

Er ängstigte sich sehr, und als eine Gruppe an Bord der *Jessie* stieg, versteckte er sich im Laderaum und spähte durch die Spalten. Der Hafenmeister und der Polizeichef waren unter den ersten, die an Bord kamen. Später traf ein aus Rovinj stammender Geschäftsmann ein, der seine Dienste als Übersetzer anbot. Wie gut es war, endlich wieder Italienisch zu hören!

Nach Erledigung der Formalitäten ging Kapitän Tuckey mit

Jurić, den beiden Eingeborenen und mir an Land. Die Eingeborenen waren in ein paar schlecht sitzende Kleidungsstücke gesteckt worden. Der Kapitän gab ihnen etwas Geld, damit sie sich frisches Obst kaufen konnten, denn sie hatten von dem seltsamen Essen an Bord nur wenig zu sich genommen. Dann ließ er uns eine Weile allein.

Später gingen wir zum Zollgebäude, um einige andere Formalitäten zu erledigen. Der Hafenmeister schickte uns mit einem seiner Männer in einen Laden in der Nähe, um Schuhe und Socken für uns zu kaufen und die behelfsmäßigen Teile zu ersetzen, die uns die Männer auf der *Jessie* geliehen hatten. Als wir zum Zollhaus zurückkehrten, gab es eine kleine Aufregung. Ein ziemlich lauter und aufgeregter Zeitgenosse, abgehetzt und außer Atem, war ins Haus gestürmt, wo man uns befragte. Er bot an, sich um alles zu kümmern und alle Verantwortung für uns zu übernehmen. Er war kurz und stämmig, mit dichtem Bart und erweckte großes Vertrauen.

Vor allen Anwesenden wiederholte er immerzu, daß er, genau wie wir, ursprünglich aus der Gegend von Dubrovnik stamme und auf der kleinen Insel Šipan geboren sei. Er überschüttete uns mit freundlicher Zuneigung, und seine Freude, zum ersten Mal nach siebzehn Jahren, seit er die dalmatinische Küste verlassen hatte, zwei Landsleute zu sehen, war aufrichtig. Sehr zum Vergnügen der Zollbeamten, ergötzte er sich daran, mit uns abwechselnd Italienisch und Kroatisch zu sprechen. Mit Kapitän Tuckeys Erlaubnis nahm er uns mit zu einem Bekleidungsgeschäft, kleidete uns von Kopf bis Fuß neu ein und erzählte uns sehr ausführlich seine Lebensgeschichte.

Vicko Vuković war sein Name, aber hier war er als Kaptän Vincent bekannt. Er war Eigner oder Verwalter eines großen Küstenschoners und unterhielt ein eigenes kleines Geschäft.

Nachdem er uns zu seiner Zufriedenheit ausstaffiert hatte, bestand er darauf, uns mit zu sich nach Hause zu nehmen und uns seiner Frau, einer fröhlichen Irin aus Limerick, und seinen fünf Kindern vorzustellen. Kapitän Vincents nächste Aufgabe war es, Nachrichten an unsere Familien zu schicken. Er sagte, daß eine neue Kabelverbindung zwischen Istanbul und Indien es jetzt erlaube, in nur wenigen Tagen direkt von Perth nach Rijeka zu telegraphieren, dem Heimathafen der einst so schönen *Stefano*.

Als Vincent uns zum Zollgebäude zurückbrachte, hieß uns Kapitän Tuckey mit einem großzügigen Arbeitsangebot willkommen. Sein erster Maat hatte beschlossen, an Land zu bleiben, und Tuckey glaubte, wir seien aufgrund unserer Ausbildung, Erfahrung und Kenntnis der Sprache der Aborigines für das Perlengeschäft bestens geeignet. Die Güte dieses Mannes kannte keine Grenzen! Aber so großzügig sein Angebot auch war, wir mußten doch unser Verlangen gestehen, so schnell wie möglich nach Hause zu unseren Familien zurückzukehren. Allerdings hatte ich später das Vergnügen, einige Tage bei Kapitän Tuckey und seinen Eltern in Mandurah zu verbringen, einem kleinen Dorf etwa vierzig Meilen weiter südlich an der Küste.

In den nächsten zwei Wochen geschahen weitere interessante Dinge, und sogar der Gouverneur der Kolonie kam von Perth, um uns kennenzulernen. Am 8. Mai 1876 hielten die zuständigen Behörden im Zollgebäude eine vorläufige Verhandlung über den Untergang der *Stefano* ab. Wir Überlebenden machten unsere Aussagen. Vincent diente uns als Übersetzer. Man sagte uns, der Bericht würde an das Handelsministerium in London geschickt und von dort nach Rijeka weitergeleitet werden. Die Regierung in Perth entschied, daß die Aborigines, die uns gerettet hatten, aufgesucht und belohnt werden sollten. Allerdings sollte ihnen klargemacht werden, die Belohnung wäre größer ausgefallen, wenn sie unsere gesamte Gruppe gerettet hätten. Man sagte uns, sie hätten in vier oder fünf Tagesmärschen Tien Tsien erreichen und dort veranlassen können, ein Schiff auszusenden, um uns alle zu retten. Man traf Vorkehrungen, daß Kapitän Vincent die Geschenke der Regierung auf seiner unmittelbar bevorstehenden nächsten Fahrt nach Norden zu den Eingeborenen brachte. Begierig erbot ich mich, an dieser Expedition teilzunehmen, um so die offizielle Anerkennung mit meiner eigenen Dankbarkeit zu verbinden.

Da ich befürchtete, der Kabeldienst könnte unzuverlässig sein, schrieb ich einen Brief an meine Eltern, in dem ich ihnen versicherte, ich sei noch am Leben und es gehe mir gut:

Fremantle, Westaustralien
16. Mai 1876

Liebe Eltern,
ich bin sicher, daß Ihr und alle anderen, die mich kennen, mich für tot hielten, und glaubt mir, ich war nicht sehr weit davon entfernt. Ich berichte Euch nun von der furchtbaren Tragödie, die am 27. Oktober 1875 begann und am 18. April 1876 ihr Ende fand.

Letztes Jahr, am 27. Oktober gegen 2 Uhr morgens erlitt die Bark *Stefano* auf einem Riff in der Nähe des Nordwestkaps unter dem Kommando von Kapitän Vlaho Miloslavić Schiffbruch. Sobald die Bark auf Grund lief, legte sie sich auf die rechte Seite, und in weniger als drei Stunden brach sie völlig auseinander, und es blieb nichts als große und kleine Trümmerteile. Wir versuchten alles in unserer Macht stehende, um die Rettungsboote zu Wasser zu lassen, aber die Versuche blieben ergebnislos, denn die See war zu bewegt. Auf Befehl des Kapitäns wurde ein kleines Beiboot am Heck zu Wasser gelassen, und der Kapitän, der Erste Offizier, ein Seemann und ich bestiegen es. Doch was geschah dann? Im Moment, da das Boot das Wasser berührte, kenterte es. Ich konnte gerade noch den Kiel greifen, die anderen sah ich nicht wieder. Völlig verängstigt trieb ich zehn Stunden durch die dunkle Nacht. Schließlich gelang es mir, an Land zu kommen, und halbtot warf ich mich auf den heißen Sand und hoffte darauf, einige meiner Kameraden wiederzusehen. Bald schon gewahrte ich Carlo Costa, der auf einer Schiffsleiter trieb, danach den Bootsmann und weitere Seeleute, die auf verschiedenen Trümmerteilen des verunglückten Schiffs drifteten. Zehn von uns wurden gerettet. Alle lagen halbtot neben mir ausgestreckt. Nackt blieben wir den ganzen Tag über dort. Wir waren unfähig zu gehen, da unsere Füße angeschwollen waren. Am nächsten Tag beschlossen wir, uns auf die Suche nach Nahrung und Wasser zu machen, und wir fanden verschiedene Dinge, die von dem Schiff auf uns zuschwammen. Wir beschlossen, aus den Trümmerteilen eine Hütte zu bauen. Am nächsten Morgen sahen wir einige nackte Eingeborene, Männer und Frauen. Zunächst hatten wir Angst, sie könnten Kannibalen sein, aber sie taten uns nichts zuleide.

Schließlich machten wir uns auf die Suche nach einem Fluß, der, wie der Offizier uns gesagt hatte, nur einige Meilen entfernt lag. Wir gingen sechs Tage lang, und wären wir nicht Eingeborenen begegnet, die uns einen Brunnen zeigten, so wären wir in all dem Sand sicherlich verdurstet. Wir blieben drei Tage am Brunnen und seinem Wasser, und dann machten wir uns wieder auf den Weg, denn man sagte uns, wir befänden uns nur noch zwei Meilen vom Fluß. Wir marschierten drei Tage, fanden aber kein Wasser und kehrten um. Drei Monate lang lebten wir auschließlich von rohen Schalentieren, da wir kein Feuer hatten, um zu kochen. Wir tranken nichts als Wasser. Ihr solltet wissen, daß wir in dieser Periode all unsere Kraft verloren und wie Skelette aussahen. Wir starben schnell. Zu Weihnachten tobte ein drei Tage andauernder Sturm. Während dieser Zeit hatten wir keine Nahrung, da wir nichts zu essen finden konnten. Zwei Männer starben in dieser Zeit, und nach ein paar Tagen verstarben sechs weitere. Mein Kamerad und ich überlebten. Vielleicht, weil wir über mehr Kraftreserven verfügten. Später jedoch wären auch wir beinahe verhungert. Als die schwarzen Eingeborenen wieder auftauchten, bettelten wir sie an, uns etwas zu essen zu geben. Sie waren sehr besorgt und nahmen uns mit sich und gaben uns etwas Fisch und Wasser. Splitternackt blieben wir drei Monate bei ihnen, während dieser Zeit fast ständig auf Nahrungssuche. Wir sichteten mehrere Schiffe, die vorbeisegelten, aber sie konnten uns nicht sehen.

Schließlich kam am 18. April ein englischer Kutter in die Nähe der Küste. Das diesem Brief beigelegte Foto zeigt den Kapitän des Schiffs, Kapitän Charles Tuckey. Er rettete unser Leben. Siebzehn Tage segelten wir mit ihm, bis wir in die Hafenstadt Fremantle gelangten. Sie zählt etwa sechshundert Einwohner.

Als die Engländer von unserem schrecklichen Unfall hörten, nahmen sie uns an Land und gaben uns Essen und Geld. In diesem kleinen Hafen lernten wir einen reichen Herrn von der Insel Šipan kennen. Er lebt seit siebzehn Jahren hier. Er ist verheiratet und hat fünf Kinder. Sein momentaner Name ist Mr. Vincent, aber sein wirklicher Name ist Vicko Vuković. Er gab uns Kleidung und auch etwas Geld. Wir wohnen jetzt bei ihm. Seine Frau behandelt uns wie ihre eigenen Kinder. Er besitzt mehrere Schiffe. Bald schon werden wir auf einem Schoner unter seinem Kommando für fünf Lira pro Tag anheuern.

Er sendet zwei Briefe an seine Verwandten mit, denn er hat nichts mehr von ihnen gehört. Ich bitte Euch, nach ihnen zu suchen und mich wissen zu lassen, ob noch Verwandte von ihm am Leben sind. So könnte ich ihm helfen.

Der Engländer, der Besitzer des Kutters, lobte mich vor vielen feinen Herrn, nachdem er mich über Navigation befragt hatte, und bot mir an, als Offizier auf seinem Schiff anzuheuern. Ich dankte ihm und sagte, ich sei bereits einem Schiff meiner Familie zugeteilt, versprach aber, ihn auf meinem Rückweg nach Fremantle zu besuchen. Das wird in genau zwei Monaten sein.

Er stimmte zu und beteuerte vor all diesen Herren, daß er selbst mein Offizierspatent bezahlen wolle. Ich bemerkte seine Freundlichkeit und fragte ihn lachend, warum er mich so bevorzugt behandle. Er antwortete: »Zuerst mal bist du sehr professionell und nicht immer betrunken, wie die Seemänner von hier, denn das mag ich wirklich überhaupt nicht.«

Ich spreche inzwischen sehr gut Englisch. Hier sagte man uns, die Eingeborenen hätten uns gemästet, um uns essen zu können. Alle Bürger hier sind versessen darauf, uns kennenzulernen, und so lädt man uns ständig zum Mittag- oder Abendessen ein. Sie haben viele Fotos von uns gemacht, und jeder will eins davon. Ich schicke Euch eins, aber ich sehe nicht besonders gut darauf aus, denn meine Augen schmerzen mich noch immer sehr. Ich sende Euch auch ein Foto unseres Landsmannes und seiner Frau, zusammen mit einem Foto von den einzigen Überlebenden der Besatzung der *Stefano*, von mir und meinem Freund Jurić aus Pelješac.

Ich hoffe, es freut Euch zu wissen, daß Euer Sohn Euch liebt und Euch niemals vergißt.

Ihr werdet meine Briefe alle vier Wochen bekommen, denn ich kann sie hier nur einmal im Monat aufgeben. Die Leute hier haben zwanzig Pfund gesammelt, um uns zu helfen. Am einundzwanzigsten dieses Monats wird man hier ein Drama aufführen, in dem die schreckliche Tragödie dargestellt wird, die sich in der Nacht des 27. Oktober ereignete. Das Geld aus dem Kartenverkauf wird uns ebenfalls gegeben. Sobald wir es bekommen, teile ich Euch die genaue Summe mit. Ich werde heute noch an meinen Onkel Nikola schreiben, damit auch er eine Nachricht von mir bekommt. Schreibt mir, ob die Zahl meiner Brüder und Schwestern größer geworden ist.

Wir waren äußerst glücklich und dankbar, gerettet worden zu sein, besonders da die Eingeborenen vor kurzem noch mehrere Personen gegessen haben. Wir hätten auch sterben können. Wir beiden sind die ersten, die aus den Händen der Eingeborenen entkommen sind. Ich könnte Euch noch so viel schreiben, aber für heute ist es genug. In meinem nächsten Brief schreibe ich mehr über mich.

Bitte gebt Onkel Ivan und seiner Familie meine besten Grüße und auch allen anderen, die mich totgeglaubt haben. Gebt auch Kate meine Grüße; ist sie schon ins Nonnenkloster gegangen? Ich habe keinen Platz mehr. Auf Wiedersehen!

Mit freundlichen Grüßen
Miho Baccić*

Und so geschah es, daß ich Charles Tuckey und den beiden Eingeborenen aus »meinem Stamm« Lebewohl sagte und am 27. Mai an Bord von Kapitän Vincents Schoner *Rosette* ging. Ich machte den Abschied so kurz es ging, ohne große Gefühle, denn ich wußte, es brauchte nicht viel, und ich würde zusammenbrechen, wie es mir im letzten Monat schon so oft passiert

* Das Original dieses Briefes befindet sich im Seefahrtsmuseum in Dubrovnik.

Miho Baccić und Ivan Jurić kurz nach ihrer Rettung, Fremantle 1876.

war. Abgesehen davon, hoffte ich, bei meiner Rückkehr nach Fremantle alle wiederzutreffen, obwohl wir wußten, daß es unwahrscheinlich war.

Die Fahrt nach Tien Tsin verlief ereignislos und schnell – genau acht Tage. Zu meinem Bedauern blieben wir fast einen Monat dort, während Vincent seinen Geschäften nachging. Weil man von dem Schoner *Victoria*, der ausgeschickt worden war, um nach weiteren Überlebenden zu suchen, seit einigen Tagen schon nichts mehr gehört hatte, fürchtete man um seine Sicherheit. Vincent hielt es für angebracht, noch ein paar Tage auf seine Rückkehr zu warten.

Tien Tsin war eine kleine Stadt, die an einem Hügel lag, der sachte zu einer kleinen Bucht hin abfiel. Es gab nur drei Steinhäuser, alle anderen waren Holzkonstruktionen mit Strohdächern. Dort lebten etwa dreihundert Weiße, der Rest waren Eingeborene. Überall um die Stadt lagen Grasebenen, durch die ein klarer Fluß floß, der in die Bucht mündete. Bei Ebbe lagen die Schiffe auf dem Seegrund. Das Hauptgeschäft der Stadt war der Export von Kupfer aus nahe gelegenen Minen.

Am 28. Juni lief die *Victoria* in den Hafen ein. Wir befanden uns unter den ersten, die das Schiff betraten und waren erstaunt zu sehen, daß das Schiff alle Überbleibsel, die wir an der ersten Lagerstätte zurückgelassen hatten, bei sich führte. Erinnerungsstücke an schmerzliche Tage. Unter ihnen sprang sofort die Kabinentür der *Stefano* ins Auge, in die der arme Costa den Namen des Schiffs, das Datum und die Namen der Besatzung geritzt hatte. Wir erfuhren, daß noch mehr große Trümmerteile entlang desselben Küstenstreifens gefunden worden waren. Einige darunter stammten jedoch von älteren Schiffen. Offensichtlich hatte der fürchterliche Wirbelsturm an Weihnachten weiteres Material losgespült, das schon seit vielen Jahren am Riff festsaß.

Zwei Tage später fuhren wir nach Fremantle zurück. Wir planten, im Golf von Exmouth zu kreuzen und nach den Stämmen zu suchen, damit sie ihre Geschenke erhielten. Wir hatten schnellen Erfolg. Am 4. Juli stießen wir bei Vlamingh Head, dem westlichsten Punkt des Nordwestkaps auf die Stämme, die wir vor elf Wochen verlassen hatten. Ihre Zahl war gewachsen. Ein vierter Stamm war zu ihnen gestoßen.

Als das Beiboot sich dem Strand näherte, rannten die Eingeborenen davon, wahrscheinlich, weil so viele von uns in dem kleinen Boot saßen: Kapitän Vincent und Walcott, der Kapitän der *Victoria*, der jetzt mit uns reiste, zahlreiche Passagiere aus Tien Tsin, Jurić und ich. Als wir näher ans Ufer kamen, wußte ich, daß wir die richtige Gruppe gefunden hatten, denn ich entdeckte einige der Neugierigen, die zurückgeblieben waren. Ich machte wilde Zeichen mit meinem Hut, und meine alten Freunde erkannten mich. Die Neuigkeit wurde den anderen sofort mitgeteilt, und sie kamen in großen Gruppen ans Wasser hinunter, um uns zu begrüßen. Mehrere sprangen ins Wasser und zogen das Boot auf den Strand. Wie wundervoll und erstaunlich war es, diese guten Menschen wiederzusehen und ihre Freude über unseren Anblick – ihre alten Freunde. Wir wurden mit den vertrauten Berührungen und Umarmungen überschüttet, und die Frauen umringten Jurić und mich und tanzten fröhlich.

Dieser ganze Enthusiasmus wurde jedoch von ihrer Reaktion auf die Geschenke überschattet, die wir ausluden und verteilten – Zucker, Mehl, Tabak, Werkzeuge und vieles mehr. Was für ein Geschrei und Gerangel, um an die guten Sachen zu kommen! Zu meiner großen Freude und Erleichterung fand ich Gjaki in ihrer Mitte und hatte die Gelegenheit, mich für meine scheinbare Gleichgültigkeit zu entschuldigen, als wir uns nach unserer Rettung trennten.

Gjaki war sehr erregt, allerdings nicht über meine schnelle Abreise. Er erklärte sehr deutlich, es sei unangebracht, dem ganzen Stamm Geschenke zu bringen, sogar einigen, die ich noch nie zuvor gesehen hatte. Es war scheinbar der Brauch, daß er als mein ehemaliger Versorger und Beschützer der alleinige Besitzer all dieser Dinge sein sollte. Ich reagierte schnell und erklärte ihm diplomatisch, da ich jetzt kein Mitglied des Stammes mehr sei, müsse ich die Regeln der Leute befolgen, mit denen ich jetzt lebte, und diese Regeln zwängen mich, jeden zu belohnen. Allerdings, fügte ich hinzu, hielte mich das nicht davon ab, ihm ein besonderes Geschenk zu machen. Bei diesen Worten zog ich einen Ledergürtel mit einer Messerscheide hervor, den ich für ihn in Fremantle gekauft hatte. Seine Haltung änderte sich so schnell, wie der Ausdruck auf seinem Gesicht. Was für ein breites Grinsen er aufsetzte, als er sich Gürtel und Messer um seinen völlig nackten Körper band!

Die Frauen hatten den Zucker geöffnet und verzehrten ihn, indem sie ihn auf den Sand kippten und sich dann in voller Länge auf den Boden legten und ihn mit großer Lust und lautem Geschmatze aufleckten. Die Spiegel schienen den größten Aufruhr zu verursachen, denn viele der Eingeborenen hatten sich noch nie zuvor gesehen. Das früher sehr hoch geschätzte Mehl blieb unangerührt. Es konnte mit den ganzen neuen Dingen nicht mithalten. Das nächste, was ihre Aufmerksamkeit erregte, war die kleine Feuerwaffe, die Kapitän Walcott mitgebracht hatte. »Gib mir das«, sagte einer der Eingeborenen. Und auf die Frage, was er damit tun wolle, kam die schnelle Antwort: »Tungoro aggin nulla pignari cominini.« – »Ich will die streitbaren Frauen erschießen.«

Es war traurig, daß Jurícs Freund Gjimmi sich nicht am Strand befand. Er hatte das Kap schon früher mit einer kleineren Gruppe verlassen.

Diesmal zeigte ich diesen guten Seelen, die ich so sehr liebte, meine Dankbarkeit und sagte auf angemessene Weise Auf Wiedersehen, und keine Traurigkeit kam auf, als die Eingeborenen unser Boot zurück auf See schoben. Jeder war froh und lächelte – allerdings nur, bis wir außer Sicht waren, denn dann kehrten erneut meine Tränen zurück. Ich mag wohl in den letzten sechs Monaten schneller gereift sein als gewöhnlich, aber es schien, als wäre ich im Herzen noch ein verweintes Kind.

Eine Woche später waren wir wieder in Fremantle. Diesmal verspürte ich den überwältigend starken Wunsch, nach Hause zu eilen. Aber es dauerte noch drei Wochen, bis eine Passage nach Hause arrangiert werden konnte. In der Zwischenzeit wohnten wir bei Kapitän Vincent. Die Kolonialregierung zahlte für unsere Überfahrt und erwartete eine Rückerstattung von Österreich. Dank der öffentlichen Veranstaltungen, die für uns abgehalten worden waren, verfügten wir über genügend Taschengeld für die Reise. Die Theateraufführung, an der wir ursprünglich teilnehmen sollten, bevor wir nach Norden fuhren, fand nicht statt, da die guten Leute von Fremantle einige Tage vorher eine weitere Tragödie traf, der Untergang des Kutters *Gem* vor Rottnest Island, bei dem alle zehn Männer umkamen. Statt dessen veranstalteten sie am 8. Juni ein Wohltätigkeitskonzert, das so erfolgreich war, daß man eine Woche später ein weiteres abhielt.* Die Hälfte des

* Der Veranstalter dieser Ereignisse war James Pearce, ehemaliger Sträfling, Buch- und Schreibwarenverkäufer und Besitzer von Fremantles tatkräftiger wöchentlich erscheinender Zeitung. Diese Varietékonzerte wurden in einem Stil abgehalten, der damals gerade in den Häfen und der Hauptstadt modern war. Es wurden alle möglichen gesanglichen und instrumentalen Stücke aufgeführt, aber auch Literarisches stand im Angebot, und all das mit der Musikgruppe des freiwilligen Schützenkorps. Bei dem zweiten Konzert stellte Pearce große Anforderungen an das Wohlwollen aller An-

Geldes wurde Jurić und mir gegeben, und die andere Hälfte den Verwandten der Männer, die ihr Leben auf der *Gem* verloren hatten.

Und so nahmen wir am 7. August, nachdem wir uns von Kapitän Vincent und den anderen guten Leuten verabschiedet hatten, den kleinen Küstendampfer *Georgette*** nach Albany an der Südküste Westaustraliens, um auf unsere Überseefahrt zu warten. Eine Woche später gingen wir an Bord eines britischen Postdampfers, der nach Galle in Ceylon unterwegs war. Eine Reise von zwei Wochen. Dort stiegen wir auf den Dampfer *Indus* um, der aus Japan kommend nach Aden durchs Rote Meer nach Suez fuhr. Wiederum eine Fahrt von zwei Wochen. In Suez kümmerte sich der österreichische Konsul*** um uns, und in zwei Tagen befanden wir uns in einem Zug nach Alexandria. Von dort brachte uns auf einer Fahrt von acht Tagen ein österreichisch-ungarischer Dampfer das letzte Stück des Wegs nach Hause nach Triest am oberen Ende der Adria. Rijeka, der Heimathafen der armen *Stefano*, lag etwa fünfund-

wesenden durch seinen lebhaften Vortrag des rührseligen Gedichts mit dem Titel »Das Schiff, das sank« von Adah Isaacs Menken, einer gefeierten Schauspielerin, die aus New Orleans grüßen ließ. Die Oddfellows Hall war am achten bis zum »Bersten gefüllt«, und die Zuschauer waren am sechzehnten erneut sehr zahlreich und modisch.

** Die *Georgette* sank ebenfalls, als sie vier Monate später wieder nach Albany unterwegs war. Nachdem sie ein großes Leck geschlagen hatte, sollte sie bei starker Dünung in der Nähe der Mündung des Margaret River auf den Strand gesetzt werden. Mehrere der achtundfünfzig Passagiere ertranken, und viele andere Leben wären ebenfalls zu beklagen gewesen, wenn sie nicht von der Siedlertochter Grace Bussell und dem schwarzen Viehtreiber Sam Isaacs in heldenhaftem Einsatz gerettet worden wären. Sie sahen die Geschehnisse von der Küste aus, ritten ihre Pferde wiederholt in die Dünung und brachten viele Menschen in Sicherheit, bevor das Schiff sank.

*** Von 1867 bis 1918 befanden sich Dalmatien und Kroatien unter der Doppelmonarchie Österreich-Ungarn.

zwanzig Meilen entfernt. Am 27. Oktober, ein Jahr nach dem Schiffbruch, war ich wieder bei meinen Eltern, meinen Schwestern und Brüdern und vielen lieben Freunden, die mich lange schon tot geglaubt hatten.

Wieder daheim und in die Neue Welt

Schon am ersten Tag meiner Rückkehr merkte ich, daß das Leben in der Heimat nicht einfach werden würde. Während ich auf der einen Seite die Aufmerksamkeiten und Zuwendungen meiner Familie genoß, gab es doch auch Aspekte, die mich sehr schmerzten. Leute auf der Straße starrten mich unfreundlich an und machten gedankenlose Bemerkungen. Einige Nachbarn dachten sich nichts dabei, auf mich zu zeigen und laute Bemerkungen über den, »der von Toten auferstanden ist«, zu machen. »Was ist mit all deinen Schiffskameraden?« – »Hast du die Kannibalen gesehen?« Wochenlang vermied ich, auszugehen und mich unter Menschen zu bewegen.

Eine weitere schwierige Situation stellte sich ein. Mein Vater erwartete von mir, ich solle alle Familien meiner ehemaligen Schiffskameraden aufsuchen oder doch zumindest die, mit denen ich verwandt oder besonders eng befreundet war. Er konnte sich einfach nicht vorstellen, wie schmerzlich das für mich war. Ich mußte die Details der Tragödie so oft wiederholen, deren bloße Erinnerung schon Folter für mich war. Als ich Bucićs Mutter in Rijeka besuchte, wollte sie wissen, wo genau und wie er begraben war. Ich mußte erklären, daß er einer der letzten beiden war, die verstarben, und daß zu diesem Zeitpunkt weder Jurić noch ich über ausreichende Kräfte verfügten, die Kameraden zu beerdigen. Während der gesamten Zeit stand mir die grauenhafte Szene vor Augen, als wir versuchten, uns selbst auf Kosten ihres toten Sohnes zu retten!

Allerdings geschahen auch angenehme Dinge. Mein Vater stellte einen jesuitischen Gelehrten, Pater Skurla aus Dubrovnik an, um mir zu helfen, einen Bericht des Schiffbruchs zu verfassen. Jurić und ich trafen uns mehrere Male mit Pater Skurla in der jesuitischen Pfarrei und erzählten unsere Geschichte im Detail. Es war gut, sich mit jemandem darüber zu unterhalten, der so freundlich und verständnisvoll war. Der Bericht, den er nach unseren Erinnerungen anfertigte, ist zutreffend, und Jurić und ich mochten ihn sehr. Das Original war für meinen Vater, und eine Kopie wurde für meinen Onkel Nikola angefertigt, den Eigner der *Stefano*.*

In meiner Pfarrkirche bemerkte ich bald eine Gedenktafel aus Marmor. Einige Freunde und Verwandte hatten sie neben einer großen Menge von geweihten Kerzen aufgestellt. Zu meinem Gedenken! Ein großzügiger Gedanke, sicherlich, jedoch erstaunlich verwirrend für den, an den sie erinnert. Mein Vater ließ sie schnell durch eine andere, angemessenere Gedenktafel ersetzen. Als Dank für mein Überleben beauftragte er den führenden Künstler von Schiffs- und Meeresthemen in der Adria, Bozi Ivanković, einen Kapitän im Ruhestand, ein Bild der Rettungsszene durch den Kutter *Jessie* nach Beschreibungen und ungelenken Skizzen zu malen, die ich anfertigte.**

Um mir behilflich zu sein, der schwierigen Atmosphäre zu entkommen, und gleichzeitig meine Ausbildung und Karriere

* Das Originalmanuskript befindet sich jetzt im Besitz des Autors. Das handschriftliche Duplikat ist im Nationalmuseum in Rijeka, Kroatien. Es ist eine Gabe von Danica Lenac Presic, Baccićs Nichte.

** Das Votivgemälde des hochangesehenen Künstlers hängt in der Pfarrkirche unserer Gnädigen Jungfrau in Dubrovnik.

zu vervollkommnen, schickte mich mein Vater auf die Königlich-Staatliche Seefahrtsakademie in Rijeka, wo ich 1878 meine Studien abschloß. Mein Onkel Nikola ließ ein neues Schiff bauen, als Ersatz für die *Stefano*. Es sollte *Resurrection* heißen. Das gefiel mir! Meine Familie beschloß, mich noch ein weiteres Jahr auf die Schule zu schicken, um die Anforderungen für ein Kapitänspatent zu erfüllen. Im Dezember 1879 erhielt ich es, im gleichen Monat lief die *Resurrection* vom Stapel.

Ich wurde der Kapitän des neuen Schiffs. Ich glaube, ich hätte sehr dankbar sein sollen. Tatsächlich war ich eher beschämt und fragte mich, ob ich es wirklich verdiente. Ich fragte mich, ob ich jemals die Befriedigung und den Stolz eines Selfmademan wie Charles Tuckey oder Kapitän Vincent erfahren würde, die ihre Schiffe durch eigene harte Arbeit erworben hatten. Andererseits wäre es außergewöhnlich undankbar gewesen, die Führung des Schiffs abzulehnen. Aber vom ersten Tag an, da ich an Bord ging, suchte ich nach einer Gelegenheit, es zu verlassen.

Da eine Fahrt in den Orient erwogen wurde, hoffte ich, zunächst eine Möglichkeit zu finden, nach Westaustralien zurückzukehren und mich dort der Gruppe von Unternehmern anzuschließen, die mir so heldenhaft und erfolgreich vorkamen. Ich war mir sicher, den Segen meiner Familie zu haben, aber das Ziel des Schiffs wurde überraschenderweise geändert, und wir fuhren nach Amerika, dessen Küsten wir uns planmäßig näherten.

Wenn ich das Schiff verlassen wollte, so wäre New Orleans der geeignete Ort. Ich wußte, in der Stadt lebte eine kleine Gruppe von Dalmatiern, denn es waren Vorkehrungen für mich getroffen worden, das Schiff im Geschäft eines Landsmanns, Andrew Cietcović aus Boka Kotorska, mit Proviant zu versorgen. Ich wollte das Schiff verlassen; sowohl mein Instinkt als auch mein Verstand rieten mir dazu. Also verbrachte ich eine schlaflose Nacht im Nebel des Mündungsdeltas des Mississippi flußabwärts der Stadt, versessen darauf, in den Hafen zu gelangen, sobald sich der Morgennebel hob.

Gegen Sonnenaufgang drehte der Wind auf Nord, und die Temperatur fiel. Das nahm den meisten Nebel weg, und schon bald waren wir im Schlepp unterwegs. Die Stadt blieb unsichtbar, bis wir genau vor ihr lagen, denn sie lag hinter einer langen Flußbiegung am Ostufer.

Als ich an Land ging, hätte ich nicht erstaunter sein können. Wir legten am französischen Markt an, wo frisches Essen jeder Art an vielen offenen Ständen angeboten wurde. Cietcovićs Laden lag auf der anderen Straßenseite des Marktes. Er kam zur Begrüßung unseres Schiffs und führte mich zu seinem Laden, um über das Geschäft zu sprechen und mir von der Stadt zu erzählen. Auf unserem kurzen Weg von etwa dreihundert Metern war ich erstaunt, überall Italienisch, Kroatisch, Französisch und Englisch zu hören. Cietcović erklärte, daß große Gruppen von Siedlern aus allen Teilen der Welt in der ursprünglichen Altstadt, dem Vieux Carré, lebten. Ebenfalls lebten dort in großer Zahl spanische, deutsche und irische Siedler. Wie ironisch, daß ich bei meinem ersten Blick auf Amerika, wo ich Amerikaner oder Männer, die Englisch sprachen, zu finden erwartete, eine sehr europäische Stadt mit einer Vielzahl von Europäern antraf.

Während der nächsten Woche sollte ich viele attraktive Merkmale dieses aufregenden Orts kennenlernen. Zunächst war er so groß und geschäftig – über 200 000 Einwohner. Die kroatische Kolonie war ebenfalls sehr groß, fast eintausend Menschen. Cietcović stellte mich vielen vor. Eine große Zahl war bereits Besitzer von eigenen kleinen Geschäften, Läden,

Restaurants und Austernfischereien geworden (unter Dalmatiern ein bevorzugtes Geschäft). Es war nicht nur die Atmosphäre von Wohlstand, die mich an New Orleans fesselte, sondern auch die kulturellen Aspekte dieses einzigartigen Orts. Nur ein paar Straßen entfernt, in der Altstadt, stand ein Opernhaus. Einige Meilen nördlich, in einem neuen Gebiet, gab es eine Universität. Zwei alte, von den Spaniern erbaute Regierungsgebäude standen auf einem Platz nur in kurzer Entfernung vom Schiff, eins auf jeder Seite einer wunderschönen Kathedrale. Die Kathedrale war, glaube ich, von den Franzosen erbaut worden (man hatte sie St. Louis genannt). Das Klima war warm und angenehm, und das Essen und der Wein unglaublich gut und abwechslungsreich.

In der Stadt gab es eine beachtliche Menge Schwarzer. Ich war sehr interessiert und neugierig, denn ich hatte den Wunsch, meine Freundschaft mit Schwarzen, die in Australien mein Leben gerettet hatten, wieder aufleben zu lassen. Von Cietcović erfuhr ich, daß in New Orleans Schwarze und Weiße nicht miteinander verkehrten, dies jedoch nicht bedeute, daß man sie schlecht behandle. Er wies ebenfalls darauf hin, daß diese Schwarzen Afrikaner waren und wollte damit vielleicht andeuten, daß sie den australischen Schwarzen unterlegen waren. Ich erfuhr, daß es nicht einmal fünfzehn Jahre her war, seit man in der Stadt die Sklaverei abgeschafft hatte. Sei dem, wie es sei, ich fand es angenehm, wieder unter Schwarzen zu sein und nutzte jede Gelegenheit, mich mit ihnen zu unterhalten und Freundlichkeiten auszutauschen, sie jedoch waren sehr schüchtern und über mein Verhalten erstaunt. Einige sahen meinen Brüdern am Nordwestkap so ähnlich, daß ihr Anblick stark an meine Gefühle rührte. Andere waren in jeder Beziehung sehr verschieden, sogar in ihrer Hautfarbe. Viele sahen wie Ägypter oder Nordafrikaner aus,

Miho Baccić in New Orleans um 1882 (Frau Betty Lemarie, New Orleans).

die ich auf unserer Heimreise von Australien in Mittelmeerhäfen gesehen hatte.

All das überzeugte mich schnell davon, daß es New Orleans war, wo ich leben wollte. Aber wie und wo sollte ich beginnen? Eine Sache, die ich beobachtet hatte, erleichterte mir meine Entscheidung. Als Cietcović zu Beginn auf mein Schiff kam, war er der perfekte Geschäftsmann mit Anzug, gestärktem Hemd, Krawatte und einem Bündel offiziell aussehender Papiere unter dem Arm. Aber in seinem Geschäft arbeitete er in Hemdsärmeln Seite an Seite mit seiner kleinen Mannschaft. An den Docks kleidete er sich wie die schwarzen Hafenarbeiter und arbeitete mit ihnen daran, das Schiff zu ent- und beladen. Mir gefiel diese Auffassung von Arbeit. Vielleicht konnte Cietcović mir behilflich sein.

Vier Tage lang traf ich mich mit den örtliche Kroaten und erlebte eine Kameradschaft, wie ich sie noch nie zuvor erfahren hatte. Mein Entschluß stand fest! Nach einem Essen also, wohin ich mit Cietcović gegangen war, fragte ich ihn geradeheraus, ob er mich anstellen würde, um irgendwelche Arbeiten für ihn zu erledigen, und ich sagte, ich sei mir nicht zu gut dafür, genau dieselben Arbeiten zu verrichten, die ich ihn hätte tun sehen.

Meinem Vorschlag stand er mit gemischten Gefühlen gegenüber. Obwohl er bereit war, jedem Landsmann in Not zu helfen, fühlte er doch, daß ein Kapitän zur See mit meiner Ausbildung, Erfahrung und Familie nicht genau seiner Vorstellung von einem Mann in Not entsprach. Als ich ihm jedoch glaubhaft versichern konnte, daß ich bereits beschlossen hatte, mein Leben und meine Ziele zu ändern und mein Entschluß feststand, mir eine neue Heimat zu suchen – ob nun in Amerika oder Australien –, änderte er seine Haltung.

»Na gut«, sagte er. »Du kannst anfangen, wann du willst.

Im zweiten Stock meines Geschäfts stehen dir ein Zimmer und eine Küche zur Verfügung, und das macht ein Drittel deines Gehalts.« Früh am nächsten Morgen ging ich zu seinem Haus in die Royal Street, um seine Frau Nina kennenzulernen. Sie stammte ebenfalls aus Boka Kotorska. Dort lernte ich auch sein einziges Kind, Angelina, kennen. Sie war vielleicht zwölf Jahre alt und in New Orleans geboren. Nachdem ich ihr Haus verlassen hatte, ging ich geradewegs zur *Resurrection*, um eine kleine Tasche mit Kleidung, meinen Chronometer und meine Sanduhr zu holen. Als ich über die Royal Street zum Platz ging, läuteten wild die Kirchenglocken in hohen Tönen, und es dämmerte mir plötzlich, daß heute der 1. November war, der Vorabend von Allerheiligen, an dem man die Hoffnung auf Auferstehung von den Toten feiert.

Epilog

Wenn diese Erzählung auf der vorigen Seite tatsächlich endete, so blieben einige wichtige Fragen unbeantwortet. Wahrscheinlich ist die drängendste Frage eine, die von mehreren Personen gestellte wurde, die die Geschichte lasen, als das Buch für seine Veröffentlichung vorbereitet wurde: Warum sollte Miho Baccić sein Schiff, seine Schiffskameraden, seine Familie und sein Heimatland so plötzlich auf seiner ersten Ozeanreise als Kapitän der *Resurrection* verlassen?

Die Situation war nicht so, wie es scheinen mag. Interviews mit Mihos Nachfahren und die Korrespondenz mit seiner Familie in Dalmatien und Kroatien deuten auf etwas anderes hin.

Wie schon in der Einleitung erwähnt, als die eisernen Schiffe mit Dampfmaschinen auftauchten, erlebten die seefahrenden Nationen und Städte entlang der adriatischen Küste – von Venedig und der istrischen Halbinsel bis nach Süden zur Bucht von Kotor – einen raschen Niedergang. In der Mitte der zweiten Hälfte des 19. Jahrhunderts war Auswanderung von der dalmatinischen Küste nichts Ungewöhnliches.

Die Häfen überall auf der Welt, die den dalmatinischen Seeleuten bekannt waren, wurden zwangsläufig bevorzugt aufgesucht, besonders solche Orte, die ebenfalls über ein mildes mediterranes Klima verfügten: San Francisco und New Orleans, Buenos Aires, Sydney und Perth in Australien und

Auckland in Neuseeland waren besonders beliebt. Beachtliche Kolonien von Dalmatiern existierten dort schon in der Mitte des 19. Jahrhunderts.

Baccićs Tochter (und meine Mutter) Euxenia berichtete mir, daß Miho zu dem Zeitpunkt, als er seine Studien an der Seefahrtsakademie abschloß, bereits den festen Plan gefaßt hatte, bei der ersten Gelegenheit nach Australien oder Amerika auszuwandern. Vermutlich waren seinem Onkel Nikola Baccić als dem Schiffseigner, seinen Eltern und dem Ersten Offizier der *Resurrection* seine Pläne bekannt.

Was geschah mit Jurić in den Jahren nach ihrem Abenteuer? In dem Bericht erzählt man uns lediglich, daß Jurić ein gewöhnlicher Seemann von achtzehn Jahren war, der aus einer Stadt namens Oskorušno kam. Aus der Substanz des gesamten Manuskripts können wir schließen, daß die Beziehung zwischen Jurić und Baccić zum großen Teil eng war, obwohl es auch Konflikte zwischen ihnen gab, wie zum Beispiel den Kampf, der auf den Tod Dediols folgte, des letzten Mannes, der verstarb. Obwohl die beiden jungen Männer den ganzen Tag hindurch kämpften, bis sie schließlich auf dem Sand zusammenbrachen, so unterstützten sie sich gegenseitig und gingen auch nach ihrer »Adoption« durch den Stamm der Aborigines freundlich miteinander um. Der einzige Konflikt, den wir sehen, ist der Verweis, den Baccić Jurić dafür erteilt, einige Tage vor ihrer Rettung eine Frau in einem Ausbruch von Wut und Verzweiflung geschlagen zu haben. Ihre Beziehung muß Kapitän Tuckey wichtig erschienen sein, da er sich weigerte, sie zu trennen, als ein vorbeifahrender Kapitän anbot, einen der Jungen an Bord zu nehmen und für ihn zu sorgen, um damit Tuckey zu entlasten. Tuckey meinte, daß die Kameradschaft zwischen ihnen wichtig sei, wenn sie sich wieder in einer neuen Umgebung befänden.

Alles in allem sollte man meinen, daß die Tatsache, daß sie die einzigen Überlebenden waren, die Grundlage für eine lebenslange Freundschaft bildete. Es ist darum verwunderlich, daß Baccić mit Kapitän Tuckey eine mindestens fünfundzwanzigjährige (wenn auch seltene) Korrespondenz pflegte, es aber keine Anzeichen dafür gibt, daß er mit Jurić in Kontakt blieb. Er erwähnt auch Jurić in seinen Briefen an Tuckey mit keinem Wort. Wir wissen, daß sie kurz nach ihrer Rückkehr aus Australien eine Zeitlang zusammen in Baccićs Heimatstadt Dubrovnik verbrachten. Pater Stjepan Skurla erwähnt die Beteiligung beider in dem Vorwort zu dem Manuskript, das er verfaßt: »Kurz nach ihrer Rettung erzählten Baccić und Jurić alle Ereignisse, die in dieser Geschichte niedergeschrieben sind, während die Geschehnisse ihnen noch frisch vor Augen standen.«

Meine Neugierde führte mich dazu, Oskorušno zu finden, Jurićs Heimatstadt, und alles über sein Leben zu erfahren, nachdem die jungen Männer zurückgekehrt waren. Zuvor hatte ich schon beschlossen, weitere Vorfahren Baccićs in Dubrovnik und auf der Insel Korčula ausfindig zu machen. Ich studierte moderne Karten der dalmatinischen Küste und der Adria, konnte aber Oskorušno nicht finden. Ich hielt den Namen für im vorigen Jahrhundert gebräuchlich, der jetzt aber durch einen anderen ersetzt worden war. Viele dalmatinische Städte trugen auf der Höhe der Republik Venedig italienische Namen. Dubrovnik war zuvor als Ragusa bekannt, Rijeka hieß Fiume und Malo Lošinj hieß Lussinpiccolo. Ich vermutete auch, die Stadt sei sehr klein und nur wenig bekannt. Selbst als ich in Rijeka eintraf und meine Nachforschungen anstellte, erzielte ich keine Ergebnisse.

Dann konzentrierte ich meine Aufmerksamkeit auf die Insel Korčula, wo ich einen Anhaltspunkt auf Nachfahren Baccićs hatte. Meine Suche nach Jurić würde für den Moment warten müssen, bis mir eine systematischere Möglichkeit zur Verfügung stand, Oskorušno zu finden. Ich verließ Rijeka mit einem Schiff nach Korčula, wo ich am nächsten Morgen nach einer Reise von etwa einhundert Meilen entlang der adriatischen Küste eintraf. Bevor ich an Bord ging, kaufte ich detaillierte Seekarten, um so der Küste und den vorgelagerten Inseln auf der Reise folgen zu können. Als das Schiff sich Korčula näherte, begann ich, die Gegend auf den Karten genau zu studieren. Meine Aufmerksamkeit konzentrierte sich auf die daneben gelegene schmale Halbinsel Pelješac, die sich vom Festland aus etwa fünfzig Meilen in nordwestlicher Richtung ausdehnt, bis sie nahezu die Insel Korčula berührt. Fast durch Zufall fiel mir ein winziger Fleck auf der Halbinsel auf, nur einen kurzen Weg von der Meerenge vor Korčula entfernt – Oskorušno! Ich las die Information auf der Karte, fand allerdings nur wenig über das Dorf: 161 Einwohner, und seine Entfernung von etwa zehn Meilen bis zur Kleinstadt Orebić.

Als ich das Schiff verließ, lief ich zu einer Fähre nach Orebić, wo ich die Nacht verbrachte und mich am nächsten Morgen auf eine Fahrt nach Oskorušno vorbereitete. Glücklicherweise konnte ich eins der drei Taxis am Ort reservieren. Da ich wußte, daß sich bis auf die neuesten Familienunterlagen alle in den Kirchen befanden und daß Gemeindepriester gewöhnlich gut bewandert waren in der Genealogie des Ortes, plante ich, meine Suche in der Dorfkirche zu beginnen.

Der Priester lebte der Kirche gegenüber und sprach Englisch. Meine Geschichte interessierte ihn sehr, aber er teilte mir die schlechte Nachricht sofort mit. Zunächst waren alle Unterlagen in den frühen vierziger Jahren zerstört worden, als eine große Menge deutscher Soldaten auf Korčula und in dem nahe gelegenen Hafen Orebić landeten. Kurz nach ihrer Ankunft erfuhren die Deutschen von den guten Weinbergen im Hochlandtal um Oskorušno, und sie machten sich auf den Weg, den Wein zu finden. Die Neuigkeit reiste schneller als die Soldaten, und als sie ankamen, war kein Wein mehr in den Fässern, dafür aber große Pfützen auf dem Boden. Dadurch in Wut gebracht, verwüsteten die Nazi-Invasoren die Kirche, warfen alle Roben und Unterlagen (einige davon gingen zurück bis ins fünfzehnte Jahrhundert) auf den Kirchhof, überschütteten sie mit Benzin und zündeten sie an.

Dieser schlechten Nachricht fügte der junge Priester noch hinzu, daß sein Vorgänger, der im Umkreis von Meilen jeden gekannt hatte, erst vor kurzem gestorben war. Er selbst wußte nur sehr wenig über die Vorfahren seiner Gemeindemitglieder. Mein Taxifahrer hörte aufmerksam zu und zeigte nicht wenig Traurigkeit über meine fehlgeschlagene Suche. Er erwähnte einen sehr gebildeten Verwandten seiner Frau, der Englisch sprach und vielleicht etwas über Jurić wissen könnte. Nachdem wir mehrere Meilen von der Hauptstraße entfernt gefahren waren, gelangten wir an ein Schild am Straßenrand, auf dem »Ohranovići« stand. Marko Ohranović wurde nicht vor Mittag zurückerwartet. Der Fahrer sagte, wir sollten nicht warten, denn er müsse das Taxameter laufen lassen, und das würde teuer.

Auf dem Weg zurück fuhr er sehr langsam, als hätte er den Weg verloren. Plötzlich hielt er an, sprang aus dem Wagen, lief zum Straßenrand und rief jemandem auf dem Feld etwas zu. Es war Marko, und der Fahrer sagte ihm, er soll zur Straße heraufkommen, weil ein *Engleski* mit ihm reden wollte. Selbst über die Entfernung konnte ich sehen, daß Marko nicht mehr jung war, und ich meinte, ich solle zu ihm gehen und nicht umgekehrt. Der Fahrer schlug vor, wir sollten uns am Haus treffen. Marko, ein großer gutaussehender Mann von vielleicht siebzig Jahren grüßte und lud uns in sein Haus ein. Das Haus war im zwölften Jahrhundert erbaut worden und beherbergte die Familie seit sieben Generationen. Sein Englisch war ausgezeichnet, also begann ich die Geschichte des Schiffbruchs zu erzählen, um zu erklären, warum ich an Jurić interessiert war. Ich hatte kaum begonnen, als Ohranović ausrief: »Bitte warten Sie einen Moment! Die Geschichte ist mir und allen anderen älteren Leuten des Dorfes schon sehr gut bekannt. Ich will Ihnen etwas Wichtiges erzählen. Einer von den Jungs aus dem Dorf, Ivan Jurić, war der Mitüberlebende Ihres Großvaters bei dem Schiffbruch!« Ich berichtete ihm schnell, daß der Grund meines Besuchs der sei, herauszufinden, was aus Jurić in den Jahren nach seiner Rückkehr geworden war.

Fast poetisch erzählte Ohranović die Geschichte: Kurz nach seiner Ankunft aus Australien war Jurić nach Hause zurückgekehrt und hatte begonnen, für seinen Vater als Bauer und Winzer zu arbeiten. Er näherte sich dem Meer niemals wieder. Jurić heiratete, und nach dem Tod seines Vaters übernahm er den Hof und die Winzerei. Im hohen Alter starb Jurić eines natürlichen Todes, und sein einziger Sohn, Nikola, übernahm den Hof. Nikola und seine Frau hatten drei Söhne, der älteste hieß nach seinem Großvater Ivan.

Das Unglück traf die Familie 1943. Ivan Jurić war nicht älter als zwanzig, als die Deutschen in Korčula eintrafen. Es gab keinen Widerstand, aber jeder wollte die Soldaten sehen. Als die deutschen Soldaten auf dem Stadtplatz gegenüber dem Wasser Aufstellung nahmen, ließ der Kommandant drei Männer aus der Menge zu sich nach vorn bringen. Dann ließ er die drei Männer fesseln und erklärte, jeder der Anwesenden solle aus dieser sehr wichtigen Lektion lernen, denn das passiere, wenn während der Besatzungszeit etwas Störendes oder Aufrührerisches geschehe. Mit nur einem Nicken seines Kopfes

Ivan Jurić, Mitüberlebender – ein Foto aus Baccićs Unterlagen.

töteten Gewehrsalven die drei jungen Märtyrer. Mein Gastgeber erzählte mir dann, daß am Ort der grausamen Exekution ein Monument errichtet worden sei, das den Namen Ivan Jurić als eines der Opfer nennt.

Inzwischen war ich neugierig geworden, wer dieser Mann war, der sich so klar ausdrückte und über einen solchen Sinn für Geschichte verfügte, obwohl er in einer so kleinen Stadt wohnte. Als ich fragte, wer die beiden Männer auf einem Foto neben Winston Churchill seien, erfuhr ich, der eine sei der Lord Mayor von London und der andere, der gerade eine militärische Auszeichnung erhielt, war Marko Ohranović, Admiral der jugoslawischen Marine im Zweiten Weltkrieg! Seiner Tapferkeit und Führungskraft war es zu verdanken, daß fast die gesamte jugoslawische Flotte die Adria verlassen und ins Mittelmeer einlaufen konnte, kurz bevor die Deutschen vorrückten. Die Flotte formierte sich in Großbritannien neu und diente als Konvoipatrouille zusammen mit den Briten im Nordatlantik. Ein weiteres Foto zeigte den Admiral mit seinem alten Freund und Bewunderer Josip Broz, besser bekannt als Tito.

Bevor ich ging, erfuhr ich noch, daß Jurićs zwei andere Großenkel erfolgreiche Weinhändler auf der Halbinsel waren und daß Jurićs Neffe, neunzig Jahre alt und blind, in Oskorušno lebte. »Noch heute«, sagte Ohranović, »werde ich ihn besuchen gehen, um ihm von dem wundervollen Erlebnis zu berichten, das ich mit einem Mann hatte, der den weiten Weg von Amerika gekommen ist, um etwas über seinen Onkel Ivan Jurić herauszufinden, den Freund und Kameraden seines eigenen Großvaters, Miho Baccić.«

Am nächsten Tag hielt ich mich wieder in Korčula auf und wendete meine Aufmerksamkeit von Jurić zu Baccić, dessen

Vorfahren sich vor Hunderten von Jahren auf dieser wunderschönen Insel angesiedelt hatten. Ich wollte mehr über meine Ahnen auf beiden Seiten der Familien meines Großvaters herausfinden. Es war mir gelungen, die väterliche Linie elf Generationen bis ins sechzehnte Jahrhundert zurückzuverfolgen. Die meisten stammten aus dem Berufsstand der Seefahrer und Schiffsbauer. Ich dachte zunächst, daß Baccićs Onkel Nikola, der Eigner der *Stefano*, der erste gewesen sei, der sich in diesem Gewerbe betätigte. Aber ich fand heraus, daß Baccićs Onkel Anton Kapitän zur See war und mehrere Mitglieder der Familie Baccić oder Bačić (und Bacetić, dem Diminutiv des Familiennamens) im 16. Jahrhundert bekannte Besitzer seetüchtiger Flotten waren.

Baccić begann sein Leben in Amerika mit Tätigkeiten, die der Seefahrt verwandt waren. In seiner ersten Stelle versorgte er zusammen mit einem Landsmann die Schiffe im Hafen von New Orleans mit Proviant. Mehrere Jahre später übernahm er das Geschäft und heiratete die Tochter seines früheren Arbeitgebers, Angelina. Seine Familie wuchs schnell. Um 1900, nach dreizehnjähriger Ehe, hatten sie sieben Kinder. Seine Schwiegermutter Nina (geborene Vucassović) lebte bei der Familie und half, die Kinder zu versorgen.

Baccićs zweites Kind, eine Tochter, wurde am 27. Oktober 1890 geboren, am fünfzehnten Jahrestag des Schiffbruchs. Dieser bemerkenswerte Zufall veranlaßte ihn, des Vorfalls dadurch zu gedenken, das Baby Australien zu nennen. Seine Frau jedoch machte sich schnell daran, eine geeignetere Alternative vorzuschlagen. Sie hatte Sprachen studiert und schlug so einen originellen Namen aus dem Griechischen vor: »Euxenia«. Der Name bedeutet soviel wie »Gastfreundschaft«. Wörtlich heißt es »Hochachtung vor Fremden« (*eu-xenos*). Der Name sollte die Familie an die lebensrettende Fürsorge erinnern, die ihr Vater, der Fremde, durch die Bewohner des fernen Landes erfahren hatte.

Das Kind wurde den Anforderungen dieses ungewöhnlichen Namens gerecht. Es war meine Mutter, der ich dieses Buch gewidmet habe. Der Name hat sich inzwischen bis in die dritte Generation fortgesetzt.

Neun Jahre später, am vierundzwanzigsten Jahrestag des Schiffbruchs, am 27. Oktober 1899, wurde Baccićs jüngstes Kind, Anna, geboren. Sie lebt noch heute, da ich diese Zeilen schreibe. Ob dieses zweite Ereignis wirklich bloßer Zufall war?!

Im Jahre 1905 war Baccić dem Geschäft am Hafen entwachsen und inzwischen Teilhaber einer Firma: Mueller, Baccić und Clement, Schiffsagenten. Ihre Büros lagen im Geschäftszentrum der Stadt. Er war immer noch mit dem Seehandel verbunden, aber inzwischen zeichneten sich neue Gelegenheiten ab.

Seit Generationen war es Familientradition, an der erfolgreichsten Industrie der jeweiligen Zeit beteiligt zu sein. Um die Jahrhundertwende lag die Hauptindustrie Amerikas nicht auf See, sondern auf dem Land, und da er sich im Sinne seiner Herkunft verhielt, wählte er seine Karriere im Bereich der Immobilien, um sich seines eigenen Erfolges zu versichern.

Eine eindeutige Parallele zeichnete sich zwischen dem Leben von Baccić und von seinem etwas älteren Retter Charles Tuckey ab, als beide 1894 begannen, Briefe auszutauschen. Baccić schrieb zuerst am 9. Januar:

»... ich habe mich an Sie immer als an einen Retter erinnert, und ich betrachtete es als Ihren Verdienst, daß ich mich immer noch im Land der Lebenden bewege. Ich betrachte Sie wie einen zweiten Vater, der mir sehr lieb geworden ist ... Ihr Bild

Die Familie Baccić 1910. Von links nach rechts: Euxenia, Miho Baccić, Eunice und Ida (stehend), Anna (sitzend), George, Angelina Cietcović Baccić, Lydia und Hilda. Zwei von Baccićs Töchtern wurden an einem 27. Oktober geboren, dem Datum des schicksalhaften Schiffbruchs: Euxenia (1890) und Anna (1899), am 15. bzw. 24. Jahrestag.

ist immer bei mir und wird in meiner Familie an einem zentralen Platz aufbewahrt...«

Tuckey antwortete am 5. März:

»Ich freue mich, nach so vielen Jahren von Ihnen zu hören. Der Bürgermeister von Fremantle erhielt einen Brief von Ihnen, in dem sie sich nach mir erkundigten. Ich traf ihn unterwegs, und Sie können sich mein Erstaunen und meine Freude vorstellen, als ich zu Hause selbst einen Brief von Ihnen vorfand.

Sie möchten wissen, wie es mir geht. Ich habe ein Geschäft mit Fisch- und Obstkonserven gegründet und ebenfalls einen kleinen Laden, den ich im September 1890 eröffnete...

Ich lebe nicht mehr so, wie damals, als Sie mich als ledigen Mann sahen. Ich habe eine Frau und acht (8) Kinder. Die Seefahrerei habe ich nahezu aufgegeben. Mein lieber Freund, es freut mich, Ihnen mitteilen zu können, daß ich von der österreichisch-ungarischen Regierung eine sehr schöne goldene Uhr bekommen habe, die mir durch den Agenten von Lloyds für Ihre Rettung übergeben wurde. Ich schätze sie sehr.* Wissen Sie, wo sich Giovanni Jurić aufhält, der mit Ihnen gerettet wurde ...«

Obwohl der Antwortbrief offensichtlich noch nicht vorlag, schrieb Baccić am 14. April erneut und legte ein Foto bei, das ihn seinem Adressaten als einen vierunddreißigjährigen Mann vorstellte, der sich von dem Jungen, den er kannte, sehr unterschied. Tuckey antwortete am 26. Juni:

* Die goldene Uhr befindet sich heute in der Royal Western Australian Historical Society. Die Inschrift ist in Ungarisch, weil die *Stefano* in Fiume (Rijeka), dem einzige Hafen des Königreichs Ungarn, registriert war. Der Rest von Dalmatien nach Süden wurde als eine Provinz des Kaiserreichs Österreich verwaltet. Rijeka und Dalmatien sind heute Teil der Republik Kroatien.

»... ich kann Ihnen versichern, daß ich oft an Sie gedacht und davon gesprochen habe, wie unser kleiner Kutter von den starken Winden zu Ihrer Rettung ans Nordwestkap zurückgetrieben wurde ... Als Sie hier waren, sprachen Sie davon, eine Druckschrift Ihrer Abenteuer am Nordwestkap anfertigen zu lassen, und da ich keine Kopie davon erhielt, war es eine große Überraschung und Freude, als ich Ihre Briefe bekam ... Lieber Freund, ich kann meine Dankbarkeit für Ihren Dank kaum ausdrücken ...«

Als Charles Tuckey 1912 im Alter von fünfundsechzig Jahren starb, war er ein recht wohlhabender Mann. Aber obwohl es beständig aufwärts ging, dauerte es noch weitere fünfzig Jahre, bis Mandurah den Boom im Immobiliengeschäft erlebte, der seine Bevölkerungszahl auf heute etwa 25000 emporschnellen ließ. Am selben Ort wie damals befindet sich noch immer ein Geschäft der Tuckeys, und seit langem schon gibt es dort eine Tuckey Street. Heute ist die Familie Tuckey groß und in Westaustralien wohlbekannt. Wilson Tuckey, M.P. engagiert sich in der nationalen Politik.* Ich hatte das Glück, Kapitän Tuckeys letzten überlebenden Sohn Roy 1983 kennenzulernen. Er war neunzig Jahre alt, und es freute mich sehr, daß er sich an die Geschichten seines Vaters über die Rettung meines Großvaters erinnerte.

Leider muß auch vom traurigen Ende des Kapitäns Vincent, der den beiden gestrandeten Jungen 1876 ein so guter Freund war, berichtet werden. Im 24. Januar 1879 hatte er das Kommando auf seinem dreiundzwanzig Meter langen Schoner *Ro-*

* Charles Tuckey und sein Bruder John, ebenfalls ein Kapitän zur See, hatten insgesamt zehn Söhne, und der Nachname setzte sich in vierzehn Enkeln fort. Obwohl sowohl Baccić als auch Jurić jeweils nur einen Sohn hatten, gelang es ihren Enkeln, den Familiennamen lebendig zu halten.

sette. An Bord befanden sich auch Frauen und Kinder, als er vor Rosemary Island, etwa sechsundfünfzig Meilen vor der Küste von Tien Tsin, vor Anker gehen mußte, um einen starken Wirbelsturm zu überdauern. Das Schiff sank in drei Faden Tiefe, und es gab keine Überlebenden. 1987 hatte ich die Freude, seine Enkelin Monica kennenzulernen, die in Fremantle lebt.

Baccićs erste Unternehmung auf dem Immobilienmarkt geschah mit einem Partner französischer Abstammung, R.E.E. du Montluzin. Ihr Haupterfolg war die erste große Unterteilung, die in New Orleans vorgenommen wurde und die die Stadtgrenzen um eine beachtliche Entfernung nach Norden und Osten ausdehnte. Zu jener Zeit war die Stadt von Wasser umgeben. Auf der einen Seite lag der Mississippi und auf der anderen der große Lake Pontchartrain. Der Rest der Stadtgrenze war von niedrigen Mooren umgeben. Das neuerschlossene Gebiet wurde Gentilly Terrace genannt, und »Terrace« war der entscheidende Teil des Namens. Der Großteil des Landes, der am Anfang des neunzehnten Jahrhunderts als Bauland zur Verfügung stand, wurde immer wieder von starken Regengüssen und den Flutwassern des Sees überschwemmt. Baccić gelang es, große Teile dieses Landes zu einem sehr günstigen Preis zu erwerben. Jede Parzelle wurde mit Erdreich aus dem entfernt liegenden Hochland zu einer Terrasse aufgefüllt, um so ein Fundament zu schaffen, das etwa eineinhalb Meter über der Straße lag. Regen und Flut bedeckten periodisch die Straßen, aber die Häuser blieben unberührt. Die Straßen selbst befanden sich jeweils nach einem oder zwei Tagen in ihrem ursprünglichen Zustand. Ein Straße der Stadt wurde später aus Anerkennung dieser Verdienste nach Baccić benannt. Die Partnerschaft blühte jahrelang. 1924 verkaufte Baccić seinen wertvollen Anteil an seinen Partner. Zusammen mit seinem Sohn hatte er 1920 eine andere Firma gegründet.

Die Firma und das Immobiliengeschäft gediehen während des Wirtschaftsbooms Mitte der zwanziger Jahre. Allerdings hatte die Wirtschaftskrise, die 1929 begann, eine besonders vernichtende Auswirkung auf die Immobilienbranche, und das sollte zwölf Jahre lang andauern, bis der Zweite Weltkrieg diesen Bereich neu belebte.

Während der ersten zehn Jahre in Amerika hatte Baccić in Goldminenaktien investiert. Sie stellten sich alle als wertlos heraus und stammten vielleicht sogar aus Betrugsunternehmen. Ein paar Jahre später spekulierte er allerdings wieder, diesmal kaufte er Aktien der Panama Canal Company – *nicht* jedoch der erfolgreichen Unternehmung der U.S. Regierung, sondern von einem recht erfolglosen Versuch, den in den Jahren zwischen 1888 und 1904 eine französische Firma in Nordpanama unternahm. Vielleicht stellen die losen Zinsscheine der Wertpapiere, die man mir hinterlassen hat, für einen Sammler irgendwann einmal einen Wert dar, mehr allerdings nicht.

Gegen Ende des Jahres 1934 wurde Großvater von einem Reporter aus Zagreb, der Hauptstadt Kroatiens, interviewt. Er besuchte Amerika, um mehr über die Seeleute der dalmatinischen Küste zu erfahren, die erfolgreich in die ganze Welt ausgewandert waren. Zusammen mit seinen Erfolgen in Amerika sprach Baccić in dem Interview am meisten über seine Erlebnisse während des Schiffbruchs. Die abschließenden Worte dieses Interviews lohnen eine Wiederholung: »Natürlich wäre ich lieber in meinem geliebten Dubrovnik, aber das Leben ist nicht immer so, wie man es sich wünscht. Das Leben ist ein ewiger Kompromiß. Aber nichtsdestotrotz, ich habe hier meinen Frieden gefunden. Ich bin dankbar, ich habe sechs Töchter und einen Sohn. Er kümmert sich um mein Geschäft, und ich ruhe mich aus, lese und warte allein (meine Frau verschied vor zehn langen Jahren). Es ist ein sehr, sehr langer Weg, den ich von 1859 bis heute zurückgelegt habe.«

Die Lebensreise endete ein Jahr später im Dezember 1935. Seine jungen Jahre waren mit Aufregung, Abenteuern und Erfolgen angefüllt gewesen. Ausgestattet mit einer guten Ausbildung zu einer Zeit, als sich nicht viele in einer solch glücklichen Situation befanden, sprach er fünf Sprachen, als er gerade zwanzig war, wurde Kapitän zur See mit nur einundzwanzig. Er erwies sich als tapfer und stark genug, sowohl das tragische Schiffsunglück als auch die Weltwirtschaftskrise zu überleben. Er war ein guter, geliebter Ehemann und Vater, und der einzige großelterliche Familienteil, den ich jemals kennenlernte.

Nachwort

Deutet der Titel auch auf etwas anderes hin, so handelt dieses Buch nicht so sehr von einem Schiffbruch als mehr von den Schiffbrüchigen. Die Geschichte vom plötzlichen Stranden der *Stefano* und ihrer schnellen Zerstörung ist auf einigen Seiten schnell erzählt. Der Hauptteil des Buches aber beschäftigt sich mit dem harten Leben, das die Schiffbrüchigen in einem damals abgelegenen Teil von Nordwest-Australien führten, bevor die beiden letzten Überlebenden – zwei Jungen – sechs Monate später, im April 1876, dank der Hilfe von ortsansässigen Aborigines gerettet wurden.

Darum gehört dieses Buch in Sammlungen über Schiffbrüchige, die eine eigene Literatur besitzen, denn Berichte von Schiffbrüchigen und Ausgesetzten, mehr noch als Schiffsuntergänge, verfügen über den Stoff für gute Geschichten und Dramen, sowohl tragische als auch komische.

Die englische Literatur ist voll von solchen Geschichten – Shakespeares Drama über die Abenteuer Prosperos und der anderen Schiffbrüchigen auf Calibans verzauberter Antilleninsel, das in *Der Sturm* erzählt wird, Daniel Defoes Biographie von *Robinson Crusoe*, Robert Louis Stevensons *Schatzinsel*, R.M. Ballantynes *Koralleninsel*, Jonathan Swifts *Gullivers Reisen* und Rudyard Kiplings *Captain Courageous*, in dem er die Geschichte des jungen Harvey Cheyne erzählt, um nur einige zu nennen.

Manche dieser Geschichten sind romantische Berichte über exotische Länder, so wie Prosperos verzauberte Insel, wo das Leben durch eine üppige Natur in einem »goldenen Land« anstrengungslos gelebt werden kann, genau wie in Andrew

Marvells Gedicht *Bermudas* und anderen Gedichten. Andere Berichte, wie Herman Melvilles *Encantadas*, handeln von Schiffbrüchigen in rauhen Landen, die »sowohl vom Menschen als auch vom Wolf gemieden werden« und die sich »weigern, selbst die von Bestien Ausgestoßenen zu beherbergen«.

Unsere Geschichte ist dem letzteren Typus zuzurechnen. Sie handelt von Schiffbrüchigen, die in einem unwegsamen Land um ihr Überleben kämpfen, nachdem ihre Vorräte aufgebraucht sind. Wasser und Nahrung können sie nur unter großen Schwierigkeiten finden. Das ist es, was dieses Buch interessant macht. Es beschreibt die nordwestliche Region von Australien vom Golf von Exmouth bis hinunter nach Red Bluff, was heute den Hauptteil des Ningaloo Gebiets in seinem ursprünglichen Zustand ausmacht, gesehen durch die Augen von zwei kroatischen Jungen. Es berichtet auch von der edlen Seefahrtstradition der Inselbewohner der Adria, deren Beitrag zur Seegeschichte dem der Bewohner von Åland in der Ostsee, die für ihre hohen Schiffe berühmt sind, gleichbedeutend ist. Äußerst bedeutsam ist auch der Bericht über die Stämme der Aborigines, die den beiden Jungen halfen und sie ernährten, um schließlich ihre Rettung vorzubereiten. Derartige Berichte sind in der Geschichte des westlichen Australiens selten, und so kann diese Veröffentlichung nur begrüßt werden.

Leslie R. Marchant
B.A. Hons. (W.A.), M.A. (Lond.), F.R.G.S.
Associate Professor in Geschichte,
Universität von Western Australia

Glossar

Dies ist eine Liste der Wörter und Sätze, die die Aborigines gebrauchten und die Baccić und Jurić lernten und in ihre Geschichte einbauten, obwohl sie nicht alle Wörter aus dem Text enthält. Es ist eine Kombination der von Pater Stepjan Skurla zusammengestellten Sammlung (italienisch) und der Übersetzung von 1920 (englisch).* Einige der Wörter wie z.B. »Parue« – »weitweg« – sind phonetische Verfälschungen englischer Wörter (»faraway«), die die Eingeborenen in ihren begrenzten Kontakten mit Siedlern oder Perlensuchern sich aneigneten.

Arima sterben

Babba birida Er ist durstig
Babba Wasser
Bagaj Schiffbruch erleiden
Bagialgo essen und trinken
Bamanno australischer Fischerspeer
Bambaj schlafen
Be voteri fischen gehen
Be Fisch
Bellara manno australische Waffe
Bellara australischer Speer
Bengo männlicher Eigenname
Bilgura Fischinnereien
Birida durstig
Birra Muschel
Bolue rudern
Brr von zehn an
Bulac-balla ein Schwarzer

* Hier wurde das Englische natürlich ins Deutsche übersetzt. Überall da, wo das englische Wort die phonetischen Verfälschungen der Sprache der Aborigines erklären hilft, wird es ebenfalls angegeben (Anm. d. Übers.).

Bulava Mehl
Bullura vor, vorne
Bundaj im Meer schwimmen
Bundegi Ortsname
Buria Meer

Cagiaro männlicher Eigenname
Cagliadaga küssen
Caibiri Ich Unglücklicher! (Ausruf)
Calla voteri Holz sammeln
Calla Holz
Caracara Perth, Karrakatta (Stadt)
Cembo Ei
Cialli männlicher Eigenname (engl. Charly)
Cianguru, Ciangura Hut
Ciar Hemd
Cina Fußsohle
Cinaman Chinese (engl. Chinaman)
Cinci mamma sehr fett
Cinci-cinci bagialgo Laßt uns das Essen aufteilen
Cinci-cinci teilen, aufteilen
Cincigo männlicher Eigenname
Cincin Tiensin, Tien Tsin (Stadt)
Cir irui den Anforderungen der Natur genügen, urinieren
Ciucigo Schuhe
Ciugga Zucker (engl. suggar)
Ciullu sehr viele
Ciumberi eiserne Waffen
Coconagi Kokosnüsse (engl. Coconuts)
Cocongiai Ziege
Cominini verheiratete Frauen
Culgo Eisen
Cungeri Zum Teufel! (Ausruf)
Cungiri eins
*Curi** Jugendlicher zwischen 16 und 20 Jahren

* Im Text scheint sich *Curi* auf ein jüngeres Kind zu beziehen.

Dadalgo nehmen
Daghi, dagi kommen
Denki Boot (engl. dinghy)

Galbaj aufstehen
Galle australische Waffe
Gamogo hungrig
Giunovagnabari Name des Stammesgottes
Gjaki, Giachi männlicher Eigenname (engl. Jacky)
Gjimmi, Gimmi männlicher Eigenname (engl. Jimmy)
Go Hallo! (Ausruf)
Gogoj wiederkommen
Gudara zwei
Gundum-balla männliche Geschlechtsteile, Penis

Ianda budaj Die Sonne geht unter
Ianda Sonne
Iggiala sofort
Igranne, Igrane männlicher Eigenname
Inagoin so viel
Island Insel (engl. Island)

Jamina, janina Seekuh
Jurogaja sich nähern

Kaciujamoro, Caciugliamoru Armer Kerl! (Ausruf)
Komin kommen (engl. coming)
Kughi Koch (engl. cook)

Lango Regen

Majabulo Kanu
Mamma sehr viel
Manda vangi, manda vanchi Krabben und Schalentiere
Manda Holzscheit oder Stein
Michi männlicher Eigenname (engl. Micky)
Milli milli Papier
Minara jongo gogaj Es wird bald regnen

Minara bald
Mira vabba schlecht, nicht gut
Mira nein
Mull Vögel
Muriandi schnell

Nagaru sehen, beobachten
Najengolo Nase
Naman männlicher Eigenname
Nieng du
Niengo babba dirido Du bist durstig
Niengo gamogo Du bist hungrig
Niengo mamma gamogo Du bist sehr hungrig
Niengo mira bagialgo Du wirst nicht essen
Nili weiblicher Eigenname (engl. Nelly)
Niril Nadeln (engl. needle)
Noru volu Was willst du?
Nulla hier
Nurgan Fett

Oggin, Oggui ich, mir. mich

Parue weit entfernt (engl. faraway)
Paur paur gutari Puhur cerima Moli gumagura Das religiöse Lied, dessen Bedeutung aber nie verstanden wurde
Paura Schießpulver (engl. gunpowder)
Pichinini ein Junge, (Neger)kind, Göre (engl. pidgin)
Pignari cominini Frauen sind bösartig
Pignari streiten
Pinoro Feuer
Poleo Wade
Puliman Butter
Pulimandur Fremantle (Stadt)

Sandi weiblicher Eigenname

Ta Mund
Tairo männlicher Eigenname

Tanic-balla bagaj Das Schiff ist untergegangen
Tanic-balla Schiff oder Schiffsbursche
Tanta Hose
Tantargoria sich setzen
Tataruge Schildkröte
Tendi balan geri in Fluch
Tendi duga ein Fluch
Tendi vangui geri ein Fluch
Thie Tee (engl. tea)
Tobi männlicher Eigenname
Tondogoro männlicher Eigenname
Trala Segel
Tulla Augen
Tungoro aggin gib mir
Tungoro bagialgo babba Gib mir Wasser zu trinken
Tungoro geben
Turaggi Reis

Ulmo alt

Vabba gut
Vac-balla ein Weißer
Vagaj gehen
Vandi männliche Geschlechtsteile, Hoden
Vangi bambaj Wo werden wir schlafen?
Vangi vagaj Wohin gehst du?
Vangi wo
Vangia Hund
Vario Wein
Villa wie
Villara Sterne oder Mond
Virago krank
Voteri suchen
Vrai von zwei bis zehn

Das Originalmanuskript berichtet darüber hinaus, daß die Aborigines Baccić *Mir* nannten, das war eine phonetische Verfälschung seine Vornamens Miho, und aus Jurić wurde *Tigone* statt Ivan.

Inhalt